零基础学做西点

总策划 杨建峰　　主编 陈志田

U0239154

江西科学技术出版社

图书在版编目（CIP）数据

零基础学做西点 / 陈志田主编. — 南昌：江西科学技术出版社，2014.4

ISBN 978-7-5390-5019-5

Ⅰ.①零… Ⅱ.①陈… Ⅲ.①西点—制作 Ⅳ.①TS213.2

中国版本图书馆CIP数据核字（2014）第045697号

国际互联网（Internet）地址：

http://www.jxkjcbs.com

选题序号：KX2014033

图书代码：D14031-101

零基础学做西点

陈志田主编

出　　版	江西科学技术出版社	
社　　址	南昌市蓼洲街2号附1号	
	邮编：330009　　电话：（0791）86623491　86639342（传真）	
印　　刷	北京新华印刷有限公司	
总 策 划	杨建峰	
项目统筹	陈小华	
责任印务	高峰　苏画眉	
设　　计	松雪图文 SONGXUE TUWEN　王进	
经　　销	各地新华书店	
开　　本	787mm×1092mm　1/16	
字　　数	260千字	
印　　张	16	
版　　次	2014年8月第1版　　2014年8月第1次印刷	
书　　号	ISBN 978-7-5390-5019-5	
定　　价	28.80元（平装）	

赣版权登字号-03-2014-72

版权所有，侵权必究

（赣科版图书凡属印装错误，可向承印厂调换）

（图文提供：金版文化　　本书所有权益归北京时代文轩）

目录 CONTENTS

Part 1　会用工具认得材料

Part 2　馋嘴曲奇&饼干

♥馋嘴 曲奇

感受蛋糕的幸福滋味

Part 4 超人气香浓面包

❤ 软式面包

♥ 硬式面包

Part 5 酷派挞丁一族

♥ 挞&派

Part 1
会用工具认得材料

制作西点时，一定要先了解清楚工具和材料的功能和特性，这样才可以做出外形美观、味道出众的西点。选购时，可先选择基本的工具和材料，做一些简单的西点，待技术成熟后，再添置其他的，这样更能让你的西点体现出各种不同的风味。

做西点**常用的工具**

俗话说："工欲善其事，必先利其器"，如果想要制作出美味可口的西点，就要提前准备好工具，并利用这些工具来做出西点。现为大家简单介绍下做西点时经常用到哪几种工具，它们各有什么作用。

家用烤箱

●● 家用烤箱分为台式小烤箱和嵌入式烤箱两种，在西点制作时，可以用来制作面包，也可以做蛋糕、蛋塔、小饼干之类的点心。

特氟龙烤盘

●● 特氟龙烤盘具有良好的不粘效果，所烤的食品着色快，并能在一定程度上缩短烘焙时间，常用于制作面包、蛋糕等西点。

搅拌器

●● 常见的为不锈钢材质，是制作西点时必不可少的工具，常用于搅拌鸡蛋成蛋液，以及将其他材料混合搅拌均匀。

电动搅拌器

●● 电动搅拌器相对于搅拌器来说，打发速度快，比较省力，使用起来十分方便，西点制作中常用来打发奶油、黄油或搅拌面糊等。

擀面杖

●● 擀面杖是制作西点中擀压面团的好帮手，均木头材质，两端有把手，在整齐、均匀地擀面团或抻开面团时使用。

开酥擀棍

●● 开酥擀棍，也叫小酥棍，是擀面团面皮必备工具，圆形，不磨手，质地均匀，多用于制作西点里的饼干、面包等西点。

木棍

●● 木棍比开酥擀棍长一点，都是木制、圆形，在制作西点时，一般用在蛋糕生坯烘焙好之后，将其卷成卷，并定形，制成蛋糕卷。

刮板

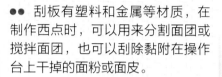

●● 刮板有塑料和金属等材质，在制作西点时，可以用来分割面团或搅拌面团，也可以刮除黏附在操作台上干掉的面粉或面皮。

长柄刮板

●● 长柄刮板质地柔软，可耐250℃的高温，多用于混合材料、和面，还能把搅拌好的面团转移到其他容器中，避免浪费用料。

刷子

●● 刷子具有毛软和强韧的特性，在制作西点时，常用其将蛋液、黄油或奶油等涂抹在刚烤焙好或尚未烤焙的面团上。

筛网

●● 筛网在烘焙过程中，起到很大的辅助作用，将面粉过筛，使之变得松散细致，也可将糖粉、可可粉过筛至糕点上等。

裱花袋

●● 裱花袋是制作西式饼干或在蛋糕上挤入奶油作装饰时所用到的一种袋子，也可在面团表面上挤入酱料，多数以塑料为材质。

花嘴

●● 花嘴有圆形的，也有星形的，通常与裱花袋一起使用，西点中多用于裱花，可描绘出简单的线条和各种形状的图案。

剪刀

●● 剪刀以不锈钢为材质，是制作西点时经常用到的工具之一，常用来剪开面包的表面或剪开挤花袋，以便在糕点上挤出形状。

量杯

●● 量杯是一种在制作西点时用来量水、牛奶等液体体积的工具，通常用毫升表示，以200~500毫升大小的量杯为宜。

电子秤

●● 电子秤适合在制作西点中用来称量各式各样的粉类（如面粉、抹茶粉等）、细砂糖、色拉油、鸡蛋及作为辅料使用的坚果类。

高温布

●● 高温布是一种高性能、多用途的复合材料新产品，在烘烤西点时，用来垫面包、饼干、泡芙等点心，起防粘作用。

抹刀

●● 抹刀也称抹馅刀，形状为直形，在制作西点时，常用在往蛋糕的表面涂抹黄油或奶油，以及将糕点翻面，刀刃越薄越好。

量勺

●● 量匙是一种圆形的带柄小浅勺，通常是4种规格为一组，在西点制作中，常用来称量小剂量的液体或细碎食材，如橄榄油、柠檬汁等。

高温手套

●● 高温手套是隔热防护的专用手套，在制作西点时，由于烤箱里面的温度很高，要拿出烤盘，就要用到高温手套，避免烫伤手。

锯刀

●● 锯刀刀身窄而长，刃口锯齿形，在制作西点时，常用于切面包和慕斯蛋糕，切割后外形整齐、漂亮，此外还可以用于取果肉。

蛋糕纸杯

●● 蛋糕纸杯品种繁多，无论模样还是颜色、大小都不一致，在制作西点时，可不用涂抹黄油而直接把面糊倒进去进行烘焙。

吐司模

●● 吐司模为长方体形状，分为加盖和不加盖两种，可用于制作西式点心中各种造型的吐司、面包等，也可作为长蛋糕模。

蛋糕模

●● 蛋糕模是制作蛋糕常用模具，有圆形、方形和三角形等，种类繁多，一般用于制作重油蛋糕、戚风蛋糕等。

椭圆圈模

●● 椭圆圈模是制作杏仁蛋糕或一些小型蛋糕的专用工具，受热均匀，可以快速地传递到面团里，缩短烘焙时间。

平底锅

●● 平底锅是在烘焙过程中经常用到的工具之一，以铝合金为材质，不粘食物，常用于制作薄饼、三文治、蛋卷等。

蛋挞模

●● 蛋挞模有圆形，也有菊花形，都是以铝合金为材质，坚固耐用，传热效率高，多用于制作葡挞、蛋挞、布丁等。

布丁模

●● 布丁模是一种制作布丁或巧克力的西点模具，一般以塑料或食品级硅胶为材质，花样多变，可使布丁和巧克力的外形更加美观。

各式压模

●● 各式压模的造型都是不一样的，有圆形、星形、动物形、花形等，常用于制作造型饼干，也可在面皮上按压成形。

转盘

●● 转盘是将烤熟的蛋糕置于转台中央，涂上奶油，以旋转的方式，用刮刀抹平顶部和侧面，再挤上奶油花进行装饰的西点工具。

做西点常用的材料

材料的好坏直接影响着你制作出来的西点是否好吃，所以在选材方面一定要慎重。现为大家简单介绍下做西点时经常用到哪几种材料以及它们分别有什么用途。

高筋面粉

●● 高筋面粉又称强筋面粉，在制作西点时，常用于制作面包，使其更具弹性与嚼感，还可用于制作起酥类点心、泡芙等。

低筋面粉

●● 低筋面粉简称低粉，又叫蛋糕粉，由于筋度弱，因此常用来制作蛋糕、饼干、小西饼点心、酥皮类点心等。

糖粉

●● 糖粉一般为洁白的粉末状，颗粒非常细，通常以网筛过滤直接筛在西点成品上，做表面装饰，也可用制作饼干、蛋糕等。

泡打粉

●● 泡打粉是一种复合膨松剂，又称为发酵粉，是制作西点的基本材料，用于制作蛋糕、酥饼等，可使面团迅速膨胀。

酵母

●● 酵母即酵母菌，是一种单细胞的微生物，常用于制作面包，不但增加面包的营养价值，还能使面包松软可口。

塔塔粉

●● 塔塔粉是一种酸性的白色粉末，属于食品添加剂类，在制作西式糕点时，可以帮助蛋白起发，使泡沫稳定、持久。

玉米淀粉

●● 玉米淀粉简称玉米粉，在西点配方中可用它代替部分面粉，使制成的蛋糕更细腻柔软，还可用于制作派馅、布丁馅等。

杂粮粉

●● 杂粮粉是由各种杂粮原材料低温烘焙熟后磨成的粉，在制作西点面团时，掺入高筋面粉中，能完整保留原料的营养成分。

奶粉

●● 奶粉含有丰富的蛋白质和人体所需的氨基酸，在制作西点的过程中，加入奶粉，可提高面团筋力和发酵力。

食粉

●● 食粉即小苏打，呈固体状态，色洁白，易溶于水，与酸性食材混合会产生膨胀效果，常用于制作西点中酸性较重的蛋糕。

杏仁粉

●● 杏仁粉是纯杏仁磨成的粉末，也是西点烘焙中经常用到的材料，适用于蛋糕和饼干的制作，可减少甜味，增加香味。

可可粉

●● 可可粉是用可可豆研磨而成，一般用于蛋糕、马卡龙、饼干、布丁的制作，也可用作装饰，增添西式糕点的色彩。

咖啡粉

●● 咖啡粉是用咖啡豆研磨而成的粉末，在制作西点的过程中加进面团里，可使面团着色，制成咖啡味的蛋糕，也可做果冻或布丁。

抹茶粉

●● 抹茶粉又称绿茶粉，是用干绿茶叶磨碎制成，没有苦涩味，带有一股茶香味，在制作西点面团及蛋糕糊时加入，可增香调味。

香草粉

●● 香草粉是用香草豆为原料磨成的粉末，有浓郁香草味，在制作西点时，可直接加入面粉内和面，能去除鸡蛋的腥味。

芝麻粉

●● 芝麻粉是择取优质芝麻籽，再经过烘炒杀菌等工艺加工而成，在制作西点时，添加到蛋糕或是馅料中，可使味道浓香。

果冻粉

●● 果冻粉是一种制作果冻的材料，在制作西点时，可根据个人口味，加入咖啡、果汁、绿茶粉、椰浆等制成各种风味独特的果冻。

鱼胶粉

●● 鱼胶粉又称吉利丁粉，是提取自鱼鳔、鱼皮加工制成的一种蛋白质凝胶，也是制作慕斯蛋糕等多种西点不可或缺的原料。

色拉油

●● 色拉油是将毛油经过精炼加工而成的精制食品油，呈淡黄色，无气味，常用于制作蛋糕、三明治、酥饼、曲奇饼等。

黄油

●● 黄油是将牛奶中的稀奶油和脱脂乳分离后，使稀奶油成熟并经搅拌而成的，色泽浅黄，气味芬芳，适用于各类西点。

酥油

●● 酥油似黄油的一种乳制品，是从牛奶、羊奶中提炼出的脂肪，常用于派、饼干、起酥类面包的制作，使其更酥脆、蓬松。

片状酥油

●● 片状酥油即人造奶油，由植物油氢化而来的，具有良好的起酥性，可作为奶油的替代品，多用来做千层酥和牛角面包。

白奶油

●● 白奶油分含水和不含水两种，含水的多用于做裱花蛋糕，而不含水的多用于做奶油蛋糕、奶油霜饰和其他高级西点。

植物鲜奶油

●● 植物鲜奶油是以大豆等植物油和水、盐、奶粉等加工而成的，广泛用于烘焙领域，可用于制作面包夹心、慕思蛋糕等西点。

炼奶

●● 炼奶是一种将牛奶蒸发掉水分进行浓缩后加糖的奶制品，可使面糊或面团增加湿稠度，更多用于蛋糕、慕斯、饼干等西点的制作。

鸡蛋

●● 鸡蛋是西点中最常见的材料之一，在面团中添加鸡蛋，能使面团变得更蓬松柔软，其中蛋黄还能起到着色的作用。

淡奶油

●● 淡奶油是指可以打发裱花用的动物奶油，相对于植物奶油更健康，西点中用来制作奶油或慕斯蛋糕、提拉米苏。

牛奶

●● 牛奶不但可以提高西点中蛋糕的品质、口感和香味，使其组织更细腻，还可以代替水来和面，使面团更湿润、滑嫩。

忌廉

●● 忌廉的乳脂含量较牛奶高，与奶油相比更加清淡爽口，是西点制作的素材之一，经常用于制作起司类蛋糕，或忌廉蛋糕。

细砂糖

●● 在制作西点的过程中，加入细砂糖，不但能增加面包和蛋糕的甜香度，改变口感，还能促进面团的膨胀，使面团柔软细致。

食盐

●● 在制作西点时，食盐的添加量一般占面粉总量的1%~2.2%，不但能增加面筋吸收水分的性能，还能使其膨胀而不致断裂。

黑色巧克力

●● 黑色巧克力主要由可可脂、少量糖组成，硬度较大，在制作西点时经常使用到，可用于制作蛋糕、饼干，也可用作装饰。

牛奶巧克力

●● 牛奶巧克力的脂肪含量高于黑色巧克力，同样在制作西点时经常使用到，适于蛋糕、饼干的制作，或者直接作为装饰。

芝麻

●● 芝麻分为白芝麻和黑芝麻两种，在制作西点时，可以撒在面包、蛋糕或饼干生坯上，使其经过烘焙后香味四溢，带有芝麻香。

花生仁

●● 花生仁是指去掉花生壳后的果仁，在制作西点的过程中，直接切碎加入面糊中，然后进行烘烤，口感醇香，也可用作装饰。

核桃仁

●● 核桃仁为胡桃核内的果肉，又名胡桃仁，一般将其经过碾碎后拌入西点馅料或者面团中，制成核桃馅的蛋糕或饼干。

瓜子仁

●● 瓜子仁不但可以直接食用，还可以作为制作西点的原料，通常用于制作瓜子仁桃酥、瓜子面包等，使之更具风味。

杏仁片

●● 杏仁片是由大杏仁切片而成的，不但可以直接食用，还可以用于西点中的饼干、蛋糕、面包上的装饰，口感细腻清脆。

燕麦片

●● 燕麦片是燕麦粒轧制而成，呈扁平状，形状完整，营养丰富，一般用来制作杂粮面包、小西饼、燕麦卷等。

芝士片

●● 芝士片也称为奶酪片，是一种由牛奶经浓缩、发酵而成的奶制品，也是奶酪面包或芝士蛋糕的主要原料。

吉利丁片

●● 吉利丁片呈半透明黄褐色，有腥味，需泡水去腥。适合制作慕斯类、芝士类等高级西点，还可以用于制作布丁、奶酪等。

草莓馅

●● 草莓馅是采用新鲜草莓经过加工而成的果酱，口味醇香，酸中带甜，在制作西点的过程中，经常用来做面包和蛋糕的馅料。

芒果馅

●● 芒果馅是采用新鲜芒果经过加工而成的果酱，口味醇香，酸中带甜，常用来制做面包和蛋糕的馅料。

香橙果酱

●● 香橙果酱香甜，适用于西点中切片面包的涂层，还可作为蛋糕、三明治的馅料，可增强口感，形成亮丽的色泽效果。

透明果酱

●● 透明果酱一般没什么甜味，经常用于涂抹在面包或者蛋糕表面上，可以增加光泽，使其更加美观可口。

沙拉酱

●● 沙拉酱一般由鸡蛋和油制作而成，通常用于涂抹在三明治、肉松面包、肉松蛋糕、吐司、汉堡包上。

花生酱

●● 花生酱是大众喜爱的香味调味品之一，色泽为黄褐色，具有花生固有的浓郁香气，一般用作拌面包或甜饼的馅心配料。

蓝莓

●● 蓝莓是一种小浆果，果实呈蓝色，被一层白色果粉包裹，果肉细腻，经常用于西点中蛋糕、饼干的装饰，也可制成水果蛋挞。

桑葚

●● 桑葚一般个大、肉厚、紫红色，酸甜适口，可加糖熬成汁加入面团中，制成蛋糕、饼干等，也可用作装饰。

草莓

●● 草莓外观呈心形，鲜美红嫩，含有特殊的浓郁水果芳香，常用于制作草莓蛋糕、草莓蛋挞等，也可用作装饰。

蜂蜜

●● 蜂蜜为蜜蜂采集花蜜经自然发酵而成的黄白色黏稠液体，在制作西点时，可加入到蛋糕或小西饼的面团中，增加风味和色泽。

椰丝

●● 椰丝是椰子的果肉加工而成的，可直接食用，也可用于西点调味、表面装饰，或做馅料，制成椰挞、千层酥、吐司、蛋糕等。

提子干

●● 提子干在制作西点的过程中，一般用于制作蛋糕、面包、饼干等馅心，或者放在面团表面上，作为一种装饰使用。

肉松

●● 肉松是用猪的瘦肉或鱼肉、鸡肉除去水后制成的，经常用作面包、蛋糕、三明治的馅料，营养丰富，味美可口。

Part ②
馋嘴曲奇&饼干

当我们还习惯性把面包、蛋糕当点心吃时，曲奇与其他品种的饼干以快速、营养、美味的特点出现在我们的视野中，越来越受国人的青睐，让更多人享受到饼干带来的快乐。现简单介绍几种饼干的制作方法，为大家增添烘焙的乐趣。

馋嘴曲奇

曲奇中奶油含量比糖多，然而糖又多于水分，以致散发出浓郁的奶香味，形状精致，大小适中，是许多人爱吃的小点心之一。现教你制作味道诱人的曲奇，用以送给自己的爱人或朋友，代表着心意以及尊重。

大米抹茶曲奇

▌工具▌ 筛网，电动搅拌器，小酥棍，有拉链的袋子，保鲜膜，烤箱

▌材料*2人份▌ 制饼用大米粉120克，抹茶粉4克，黄油60克，糖粉55克，蛋黄15克，红豆30克

▌做法▌ 1.用电动搅拌器将黄油打散，加入糖粉，打发匀，加入蛋黄，打发均匀，加入大米粉和抹茶粉，拌匀。2.放入红豆，用手和匀，让红豆和面糊能很好地黏在一起，制成面团；把面团装到有拉链的袋子里，用小酥棍擀平，放入冰箱冷藏1小时左右。3.从袋子里取出冷藏过的面皮，放在保鲜膜上，切成方形小块，即成饼干生坯。4.把饼干生坯密密地铺在烤盘上，放入预热到170℃的烤箱中，烤15～18分钟即可。

新手注意 事先把黄油放到室温下；红豆加糖用水煮至不烂；如果没有这样的红豆，买市场上现成的也可以。

罗蜜雅饼干

▌工具▐ 电动搅拌器，硅胶刮板，花嘴，裱花袋，三角铁板，高温布，烤箱

▌材料*2人份▐ 皮：黄油80克，糖粉50克，蛋黄15克，低筋面粉135克；馅：糖浆30毫升，黄油15克，杏仁片适量

▌做法▐ 1.将黄油、糖粉倒入容器中，用电动搅拌器打发均匀。2.加入蛋黄、低筋面粉，继续打发均匀，制成面糊，把菊花嘴放入裱花袋，用硅胶刮板将面糊装入裱花袋中。3.将黄油、杏仁片、糖浆倒入另一个容器中，拌匀成浆液，再装入裱花袋。4.将面糊挤在烤盘的高温布上，用三角铁板按压，再将浆液挤在中间。5.将烤盘放入烤箱，温度调上火180℃，下火150℃，烤15分钟即可。

新手注意
饼干坯放入烤盘时，间隙要留大些，因为烤时还会膨胀。

巧克力腰果曲奇

▌工具▐ 电动搅拌器，花嘴，裱花袋，硅胶刮板，剪刀，烤箱

▌材料*2人份▐ 黄油90克，糖粉80克，蛋白60克，低筋面粉120克，可可粉15克，盐1克，腰果碎适量

▌做法▐ 1.将黄油、糖粉倒入容器中，用电动搅拌器打发均匀，蛋白分两次加入容器中，快速打发。2.加入低筋面粉与可可粉，再放入盐，打发均匀，制成面糊。3.把花嘴装入裱花袋中，用剪刀剪开裱花袋尖端部位，用硅胶刮板将拌好的面糊装入裱花袋中。4.在烤盘上，挤入适量的面糊，然后放上腰果碎。5.将烤盘放入烤箱中，温度调上下火150℃，烤15分钟至熟。6.从烤箱中取出烤盘，把烤好的曲奇装篮即可。

新手注意
烤箱在使用前一定要先预热，再将曲奇放入烤箱中。

摩卡曲奇

▶**工具**◀ 搅拌器，筛网，烘培纸，刀，烤箱

▶**材料*4人份**◀ 黄油90克，黄糖50克，细砂糖40克，鸡蛋1个，低筋面粉250克，泡打粉2克，盐少许，牛奶10毫升，咖啡3毫升，核桃50克，巧克力块35克

▶**做法**◀ 1.把黄油、细砂糖、鸡蛋盛到搅拌碗中，用搅拌器打散均匀。2.牛奶加咖啡搅拌之后，放入步骤1的材料中，用搅拌器继续搅拌均匀。3.用筛网将低筋面粉过筛至碗中，加入泡打粉和盐，搅拌均匀。4.把切好的核桃、巧克力块和黄糖倒进去，搅拌均匀后，倒入操作台上，用手将面糊揉搓成长圆柱状的面团。5.用烘培纸将面团包好，放入冰箱冷藏1小时以上。6.从冰箱中取出冷藏好的面团，用刀将其切成每个厚度为7~8毫米厚的面块，估量好间距，放入烤盘，再将烤盘放入预热到170~180℃的烤箱中，烘烤15~18分钟，取出装入碗中即可。

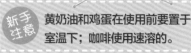

新手注意 黄奶油和鸡蛋在使用前要置于室温下；咖啡使用速溶的。

巧克力曲奇

▶ **工具** 搅拌器，电动搅拌器，筛网，饭勺，烤箱

▶ **材料*4人份** 黄油70克，黑巧克力40克，中筋面粉140克，无糖可可粉15克，黄糖60克，泡打粉1小匙，盐少许，鸡蛋1个，香草油少许，核桃60克，白巧克力50克，装饰用核桃适量

▶ **做法** 1.用电动搅拌器将黄油打散，加入黄糖，打发至变灰色。2.加入事先打好的鸡蛋，用搅拌器搅拌匀。3.黑巧克力用适中的温度融开后，冷却到不烫的程度，然后倒入步骤2中，滴几滴香草油。4.用筛网将可可粉、中筋面粉、泡打粉、盐过筛至碗中，与步骤3的材料一起搅拌均匀，成面团。5.把白巧克力、核桃切成小块后，与面团一起拌匀，用饭勺加工一下面团的形状，再放入烤盘。6.用手轻轻地压一下面团，把它放入预热到170~180℃的烤箱中，烘烤15~20分钟即可。

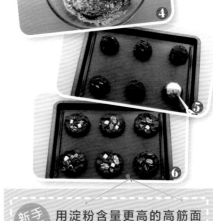

新手注意 用淀粉含量更高的高筋面粉，曲奇会实而硬的。

樱桃曲奇

▶ **工具** ◀ 裱花袋，电动搅拌器，搅拌器，花嘴，剪刀，小刀，烤箱

▶ **材料*4人份** ◀ 奶油138克，糖粉100克，盐2克，鸡蛋2个，低筋面粉150克，高筋面粉125克，吉士粉13克，奶香粉1克，红樱桃适量

▶ **做法** ◀ 1.把奶油、糖粉、盐倒在容器中，用电动搅拌器先慢后快打至呈奶白色，然后分次加入鸡蛋，继续打发拌匀。2.依次加入吉士粉、奶香粉、低筋面粉、高筋面粉，用搅拌器完全搅拌均匀，至无粉粒状，制成面糊。3.把花嘴装入裱花袋内，再倒入面糊，用剪刀剪一个小口，在烤盘上，以划圆圈的方式，挤入大小均匀的面糊，在中间放上切成粒状的红樱桃，制成樱桃曲奇生坯。4.将烤盘放入烤箱，以160℃烤约25分钟，至完全熟透，从烤箱中取出烤盘，将烤好的曲奇装入盘中，冷却即可。

新手注意 在烤箱中只放一个曲奇饼烤盘，有助于均匀烘烤，如果一次放多个，烘烤时需轮换曲奇饼烤盘。

迷你巧克力派曲奇

▶ **工具** ◀ 迷你曲奇压模，保鲜膜，小酥棍，曲奇模具，叉子，刷子，刮板，烤箱

▶ **材料*4人份** ◀ 低筋面粉200克，黄油110克，盐、细砂糖各3克，泡打粉2克，冷水10毫升，巧克力、蛋液各适量

▶ **做法** ◀ 1.将低筋面粉过筛至碗中，加入盐、泡打粉、细砂糖、黄油，用刮板边切开黄油边搅拌均匀。2.把冷水倒入和好的面粉里，拌匀，制成面团，用保鲜膜包好，放到冷藏室里冰1小时。3.从冷藏室里取出面团，撕开保鲜膜，重叠折起来后，用小酥棍擀开，此操作重复3～4次；把面团擀成面皮，按一定的间距放上巧克力。4.与没有放巧克力的另一面对折，用曲奇压模以巧克力为中心按压出形状，边缘部分用叉子扎出花纹，再刷上蛋液，放到预热至200℃的烤箱里，烘烤20～25分钟即可。

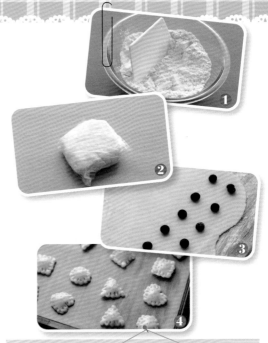

新手注意 在炎热的夏季，和到面粉里的黄油很容易化掉，放到冷藏室里冰一下再用，做出的派会更焦脆。

 # 曲奇饼

▶【工具】筛网，电动搅拌器，裱花袋，花嘴，锡纸，烤箱

▶【材料*6人份】奶油100克，色拉油100毫升，糖粉125克，清水37毫升，牛奶香粉7克，鸡蛋1个，低筋面粉300克，巧克力液50克

▶【做法】1.将奶油、糖粉、适量的色拉油倒入碗中，用电动搅拌器打发均匀。2.倒入剩余色拉油，打发呈白色，加入鸡蛋，打发匀。3.用筛网将低筋面粉、牛奶香粉过筛至碗中，注水打发成面糊。4.将花嘴装入裱花袋，再倒入面糊，在锡纸上，把面糊挤成各种花式。5.将烤盘放入烤箱，以上火180℃、下火150℃，烤15分钟，取出放凉。6.把巧克力液浇到饼干上，稍干后装盘即可。

> **新手注意** 每次倒入色拉油时，一定要搅拌均匀；使用有很少或没有边缘的闪亮曲奇饼烤盘可以获得最佳烘烤效果。

 # 奶酥饼

▶【工具】电动搅拌器，筛网，硅胶刮板，裱花袋，花嘴，高温布，烤箱

▶【材料*3人份】黄油120克，盐3克，蛋黄40克，低筋面粉180克，糖粉60克

▶【做法】1.将黄油、盐、糖粉倒入容器中，用电动搅拌器打发均匀。2.将蛋黄分两次加入容器中，并且每次加入后，均快速打发均匀。3.将低筋面粉过筛至容器中，用硅胶刮板搅拌匀成面糊。4.把花嘴装入裱花袋中，再倒入面糊；把高温布铺在烤盘上，并将面糊挤在高温布上，制成奶酥饼生坯。5.将烤盘放入烤箱，温度为上火180℃，下火190℃，烤15分钟。6.烤熟后，从烤箱中取出烤好的奶酥饼，并装入盘中即可。

> **新手注意** 做奶酥饼的时候，一定要将黄油完全打发膨胀，因为这样做出来的饼干吃起来会很松，口感会比较好。

星星小西饼

】工具【 电动搅拌器，裱花袋，花嘴，高温布，烤箱

】材料*2人份【 黄油70克，糖粉50克，蛋黄15克，低筋面粉110克，可可粉适量

】做法【 1.将黄油、糖粉倒入容器中，用电动搅拌器快速打发均匀。2.加入蛋黄，快速打发匀。3.再加入低筋面粉，继续用电动搅拌器快速打发均匀。4.最后加入可可粉，快速打发匀，制成面糊。5.将花嘴装入裱花袋中，然后倒入面糊，慢慢地挤在垫有高温布的烤盘中，并把烤盘放入烤箱，将温度调成上下火180℃，烤约20分钟至饼干呈金黄色。6.从烤箱中取出烤盘，将星星小西饼装入盘中即可。

新手注意 烘培小西饼时，温度如果过低会造成成品的干硬，色淡；而烘培的温度过高，容易造成饼干边缘成烤焦现象。

奶油曲奇

】工具【 电动搅拌器，筛网，长柄刮板，裱花袋，烘焙纸，烤箱

】材料*3人份【 低筋面粉200克，糖粉90克，鸡蛋1个，黄油135克，植物鲜奶油适量

】做法【 1.将黄油加糖粉后倒入容器中，用电动搅拌器打至顺滑。2.鸡蛋打散，分几次加入混好的黄油内，且每一次都要打到二者完全融合，黄油发白。3.将低筋面粉过筛至容器中，续打发至面粉全部湿润，制成面糊。4.用长柄刮板把面糊装入裱花袋中，在烤盘铺一层烘培纸，并挤入空心圆形状，再入烤箱，把温度调成上下火200℃，烤10分钟至饼干上色。5.取出后，在一块烤好的饼干上放上植物鲜奶油，盖上另一块饼干压紧即可。

新手注意 低筋面粉过筛至容器中，用长柄刮板把黄油和面粉搅拌均匀时不要过力搅拌，以免面粉起筋。

芝麻曲奇球

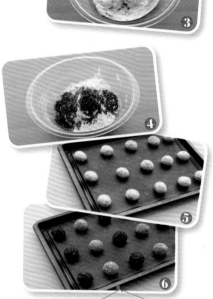

▶**工具**◀ 电动搅拌器，饭勺，筛网，烤箱

▶**材料*2人份**◀ 黄油70克，低筋面粉100克，玉米淀粉10克，杏仁粉15克，细砂糖40克，蛋黄15克，泡打粉2克，和面用黑芝麻、白芝麻各17克，撒于表面的黑芝麻、白芝麻各适量，香草油少许

▶**做法**◀ 1.将黄油用电动搅拌器打散后，加入细砂糖，拌匀。2.加入蛋黄，搅拌均匀。3.把加了细砂糖和蛋黄的黄油搅拌到变软滑之后，滴入几滴香草油，搅拌均匀。4.用筛网将低筋面粉、泡打粉、玉米淀粉、杏仁粉过筛至容器中，加入和面用的黑、白芝麻，用饭勺搅拌均匀，用手揉搓成团。5.把面团分成15～17个能一口吃掉的大小的面块之后，再做成像鸟蛋一样圆圆的样子，放入烤盘。6.面团的表面分别均匀地沾黑、白芝麻，放入预热到180℃的烤箱中，烘烤20～25分钟即可。

新手注意 和面用的是混和的黑、白芝麻，研磨后香味会更浓。

红茶曲奇

▶ **工具** ▶ 搅拌器，筛网，裱花袋，花嘴，剪刀，烤箱

▶ **材料*2人份** ▶ 蛋白50克，蛋黄50克，低筋面粉60克，杏仁粉20克，伯爵红茶包1~2个，细砂糖50克

▶ **做法** ▶ 1.烘烤用的红茶要选伯爵红茶，这样烤过之后味道才会更浓；将蛋白倒入容器中，用搅拌器打散，加入细砂糖，打至起泡。2.继续打到能够很好地黏住搅拌器为止。3.将蛋黄搅散，加入打好的蛋白里，搅拌均匀。4.用筛网依次将低筋面粉、杏仁粉过筛至容器中，倒入已拆好的伯爵红茶包，搅拌均匀，制成面糊。5.把花嘴装入裱花袋中，再倒入面糊，用剪刀在裱花袋尖端部分剪开一个小口。6.在烤盘上，依次挤入大小均匀的心形面团，制成红茶生坯，再放入预热到180℃的烤箱内，烘烤10~15分钟，从烤箱中取出烤盘，并把烤好的曲奇装入盘中即可。

新手注意 在烘烤板上涂好黄油后再挤面团，烤好后二者易分离。

椰子曲奇

▶ **工具** 搅拌器，筛网，叉子，饭勺，烤箱

▶ **材料*2人份** 黄油60克，细砂糖50克，罐装椰子汁40毫升，香草油少许，低筋面粉140克，泡打粉3克，盐少许，干椰子仁40克

▶ **做法** 1.将黄油装入容器中，用搅拌器打散，加入细砂糖，搅拌均匀。2.准备好罐装椰子汁。3.把细砂糖充分搅拌均匀，而黄油的颜色变成灰色的时候，倒入备好的椰子汁，进行搅拌均匀。4.滴入少许的香草油，将低筋面粉过筛至容器中，再加入泡打粉、盐、干椰子仁，搅拌均匀，制成面团。5.将拌好的面团分成大小适当的面团，再用手把它们滚成鸟蛋的样子，并放入烤盘，在烤之前用叉子按压一下，制成曲奇生坯。6.将烤盘放入预热到180℃的烤箱中烘烤15~20分钟。若是以鸟蛋模样烤，在烤到10分钟的时候，用饭勺把它压一下，再接着烤即可。

新手注意 做曲奇时，用椰子汁代替牛奶，会有另一种香味。

奶粉曲奇

▶ **工具** ◀ 搅拌器，筛网，饭勺，烘培纸，刷子，刀，烤箱

▶ **材料*2人份** ◀ 黄油60克，低筋面粉120克，脱脂奶粉30克，牛奶5毫升，糖粉40克，蛋黄15克，蛋白少许，盐少许，裹在表面用的细砂糖适量

▶ **做法** ◀ 1.把黄油装入大碗里用搅拌器打散，加入糖粉后，搅拌均匀。2.加入蛋黄拌匀后，接着倒入牛奶，再搅拌一次。3.用筛网将低筋面粉、脱脂奶粉和盐过筛至碗里，用饭勺搅拌，制成面团。4.从碗里取出面团，用手捏实，把面团捏成长方形状后，用烘培纸把面团包起来，放到冷冻室里冰1~2小时，使它凝固结实。5.在变硬了的面团表面上，用刷子刷上蛋白，蛋白干了之后，在上面裹上细砂糖。6.把裹好糖的面团切成大小均等的面块，放到预热到170℃的烤箱中烘烤13~15分钟即可。

新手注意 罐装奶粉密封性能较好，能有效遏制细菌生长。

厚实松软

松饼

无论是早餐，还是下午茶，必然少不了西式饼干——松饼。它入口香酥松软，香气四溢，散发着无可匹敌的魅力，可以裹着奶油吃，也可以搭配果酱或者新鲜水果来吃，芳香美味，一点都不油腻，让你吃了又想吃。

🧁 槽子松饼

▌**工具**▐ 电动搅拌器，筛网，保鲜膜，模具，烤箱

▌**材料*2人份**▐ 蛋白60克，细砂糖40克，低筋面粉22克，玉米淀粉3克，杏仁粉30克，黄油40克，蓝莓、红莓适量，开心果少许

▌**做法**▐ 1.把黄油放到锅里，煮成褐色为止。2.把蛋白装到搅拌碗中，用电动搅拌器充分打散，加入细砂糖，搅拌均匀。3.用筛网把低筋面粉、玉米淀粉、杏仁粉过筛至碗中搅拌。4.再倒入煮好的黄油，拌匀成团，在碗上套好保鲜膜，把面团放入冷藏室冰30分钟，取出倒入准备好的模具内，再放上蓝莓、红莓、开心果，并放入预热到190℃的烤箱中，烘烤片刻即可。

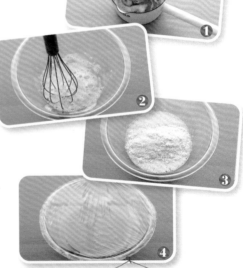

新手注意 蓝莓和红莓可以用山莓和草莓代替。放草莓的话，要把草莓切成很小的块。

枫糖鲜奶松饼

▶【工具】▶筛网，搅拌器，刷子，剪刀，华夫炉

▶【材料*2人份】▶鲜奶150毫升，低筋面粉150克，鸡蛋2个，泡打粉、黄油、水果丁、盐、细砂糖、枫糖浆各适量

▶【做法】▶1.用筛网将低筋面粉、泡打粉过筛至容器中；黄油加热，使之溶化。2.鸡蛋用搅拌器打散，与鲜奶拌匀，再加入混好的粉末和泡打粉、细砂糖、盐、溶化的黄油，拌匀成面糊，然后静置片刻，让面糊松弛30分钟。3.预热华夫炉，并在其表面上刷一层黄油，再倒入面糊约八分满，盖上盖子，烤至边缘冒出蒸气，指示灯熄灭，取出剪开摆盘，趁热淋上枫糖浆，排上水果丁装饰即可。

新手注意 淋在松饼上的枫糖浆的分量可以按照自己的口味调整。

 # 果酱松饼

▶【工具】▶搅拌器，刷子，刀，剪刀，抹刀，华夫炉

▶【材料*3人份】▶鸡蛋2个，低筋面粉150克，泡打粉、奶油丁、菠萝丁、柠檬、牛奶、冰糖、细砂糖、黄油各适量

▶【做法】▶1.将柠檬洗净去皮，果肉压汁，果皮切末备用。2.柠檬皮末与菠萝丁一同入锅，加入冰糖，煮1小时后，倒入1/3量的柠檬汁，拌匀，制成菠萝酱。3.鸡蛋用搅拌器打散，加入牛奶、低筋面粉、泡打粉、细砂糖，拌匀，再加入软化的奶油丁，拌匀，制成面糊，静置30分钟。4.预热华夫炉，并在其表面上刷一层黄油，再倒入面糊约8分满，盖上盖子，烤至面糊呈金黄色，取出剪开摆盘，用抹刀抹上菠萝酱即可。

新手注意 制作松饼过程中，加入面粉和泡打粉拌匀时，要用上下切拌的方式来拌匀，以避免面粉起筋。

 # 格子松饼

】【工具】【电动搅拌器，搅拌器，长柄刮板，刀，华夫炉

】【材料*2人份】【牛奶200毫升，细砂糖75克，低筋面粉180克，泡打粉5克，蛋白105克，蛋黄45克，溶化的黄油30克，糖粉、黄油各适量

】【做法】【1.依次将蛋黄、低筋面粉、泡打粉、细砂糖、牛奶、溶化的黄油倒入容器中，用搅拌器快速拌匀，制成蛋黄部分。2.将蛋白用电动搅拌器打发均匀后，倒入蛋黄部分中，用长柄刮板拌匀，制成面糊。3.把面糊放入冰箱冷藏30分钟后取出。4.将面糊倒入涂有黄油，且以170℃预热的华夫炉中，烤1分钟至熟透。5.取出烤好的松饼后，切成四等份，撒上适量的糖粉即可。

 # 可可松饼

】【工具】【电动搅拌器，搅拌器，长柄刮板，刀，华夫炉

】【材料*2人份】【牛奶200毫升，细砂糖75克，低筋面粉180克，泡打粉5克，蛋白105克，蛋黄45克，溶化的黄油30克，糖粉、可可粉各适量

】【做法】【1.依次将蛋黄、低筋面粉、泡打粉、细砂糖、牛奶、溶化的黄油倒入容器中，用搅拌器快速拌匀，制成蛋黄部分。2.将蛋白用电动搅拌器打发均匀，与可可粉一起倒入蛋黄部分中，用长柄刮板拌匀，制成面糊，然后将面糊放入冰箱冷藏30分钟后取出。3.将面糊倒入涂有溶化的黄油，且以170℃预热的华夫炉中，烤1分钟至熟透。4.取出烤好的松饼后，切成四等份，撒上适量糖粉即可。

香芋松饼

▶ 工具 ▶ 搅拌器，电动搅拌器，长柄刮板，剪刀，华夫炉

▶ 材料*2人份 ▶ 牛奶200毫升，低筋面粉180克，蛋白105克，蛋黄45克，溶化的黄油30克，细砂糖75克，泡打粉5克，盐2克，蜂蜜、香芋色香油各适量

▶ 做法 ▶ 1.依次将细砂糖、牛奶、低筋面粉、蛋黄、泡打粉、盐、溶化的黄油倒入容器中，用搅拌器拌匀，制成蛋黄部分。2.将蛋白用电动搅拌器打发均匀，与香芋色香油一起倒入蛋黄部分中，用长柄刮板拌匀成面糊。3.将面糊倒入涂有黄油，且以200℃预热的华夫炉中，烤2分钟至熟。4.取出烤好的松饼，剪开装盘，淋入适量的蜂蜜即可。

新手注意

烤炉预热温度不要太高，以免将刚放入的松饼烤焦。

小松饼

▶ 工具 ▶ 搅拌器，电动搅拌器，刷子，华夫炉

▶ 材料*2人份 ▶ 牛奶200毫升，溶化的黄油30克，细砂糖75克，低筋面粉180克，泡打粉5克，盐2克，蛋白105克，蛋黄45克

▶ 做法 ▶ 1.依次将细砂糖、牛奶、低筋面粉倒入容器中，用搅拌器拌匀。2.倒入蛋黄、泡打粉、盐、黄油，拌至呈糊状，制成蛋黄部分。3.将蛋白用电动搅拌器打发均匀后，倒入蛋黄部分，拌匀，制成面糊。4.将华夫炉温度调成200℃，预热，用刷子在其表面刷层黄油。5.将面糊倒入炉具中，至其起泡。6.盖上盖子，烤1分钟至熟，取出烤好的小松饼，并装入盘中即可。

新手注意

揭开华夫炉时，要放凉一会儿再取出松饼，以免烫伤。

红莓松饼

▶**工具**◀ 搅拌器，长柄刮板，筛网，烤模，散热网，烤箱

▶**材料*2人份**◀ 黄油40克，鸡蛋1个，细砂糖40克，低筋面粉140克，泡打粉2克，红莓酱45克，牛奶50毫升，放于表面的冷冻红莓适量

▶**做法**◀ 1.用搅拌器将黄油打散，加入细砂糖，拌匀。2.把细砂糖和黄油拌匀，至颜色变灰后，分2~3次加入鸡蛋，用长柄刮板搅拌均匀，至软滑为止。3.用筛网将低筋面粉和泡打粉过筛至碗中，继续搅拌均匀。4.像是要把它割断一样，把面团搅拌均匀，在拌到差不多的时候，加入牛奶、红莓酱，拌3次左右，制成面糊。5.将拌好的面糊盛入烤模里，撒上切碎的冷冻红莓，放入预热到180℃的烤箱中，烤25~30分钟。6.从烤箱中取出模具，把烤好的松饼放到散热网上，充分冷却后装入盘中即可。

新手注意 做松饼前，像黄油之类的材料要提前解冻才能使用。

苹果松饼

工具 搅拌器，长柄刮板，松饼烤模，纸杯，烘焙纸，烤箱

材料*2人份 酥皮：黄油30克，细砂糖30克，杏仁粉20克，低筋面粉50克；熬苹果：苹果1个，柠檬汁1/4小匙，肉桂粉少许，黄糖40克；面团：黄油50克，低筋面粉110克，黄糖20克，泡打粉3克，鸡蛋1个，牛奶45毫升

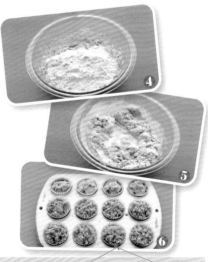

做法 1.用搅拌器将30克黄油打散，加入细砂糖、杏仁粉，拌匀。2.加入50克低筋面粉，用长柄刮板轻轻地搅拌均匀，制成酥皮，并放入冰箱冷藏片刻。3.锅里放入切好的苹果块、柠檬汁、黄糖，拌匀后用中火把水分蒸出来，加入肉桂粉拌匀。4.将50克黄油打散，加黄糖拌匀，分两次倒入打好的鸡蛋，再倒入110克低筋面粉、泡打粉拌匀。5.加入牛奶、熬好的苹果，拌成面团。6.将松饼烤模上的每个纸杯都铺上烘培纸，倒入面团，铺上酥皮，放入预热到170℃的烤箱里，烤25分钟即可。

新手注意 在做苹果肉桂松饼时，若是没有黄糖，可用白砂糖代替。

抹茶松饼

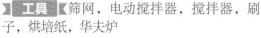

▶ **工具** ◀ 筛网，电动搅拌器，搅拌器，刷子，烘培纸，华夫炉

▶ **材料*3人份** ◀ 牛奶200毫升，细砂糖75克，低筋面粉180克，泡打粉5克，蛋白105克，蛋黄45克，溶化的黄油30克，抹茶粉10克，蜂蜜少许

▶ **做法** ◀ 1.将蛋黄、低筋面粉、泡打粉、细砂糖、牛奶倒入容器中，用搅拌器快速拌匀，加入溶化的黄油，快速拌匀。2.取另外一个容器，倒入蛋白，用电动搅拌器快速打发，将打发好的蛋白倒入拌好的蛋黄中，搅拌均匀。3.用筛网将抹茶粉筛入容器中，快速拌匀，制成面糊。4.将华夫炉温度调成170℃，并用刷子在其表面上刷一层溶化的黄油，倒入面糊，烤至起泡。5.盖上盖，烤1分钟至熟，打开盖子，关闭开关，待凉后取出松饼。6.将烤好的松饼放在烘培纸上，沿着松饼的纹路切成四等份，装入盘中，淋上适量的蜂蜜即可。

新手注意 华夫炉的内部有很多边角，需注意要刷到每一处。

巧克力松饼

▶ **工具** ◀ 搅拌器，筛网，长柄刮板，烤模，烘焙纸，烤箱

▶ **材料*2人份** ◀ 黄油45克，溶化的黑巧克力20克，低筋面粉100克，无糖可可粉10克，细砂糖40克，泡打粉4克，盐少许，鸡蛋1个，牛奶60克，核桃25克，巧克力起酥25克

▶ **做法** ◀ 1.用搅拌器把黄油打散，再加入细砂糖，搅拌均匀。2.一点点地倒入打好的鸡蛋，搅拌均匀。3.加入溶化的黑巧克力，搅拌均匀。4.用筛网将低筋面粉、可可粉、泡打粉和盐过筛至碗中，用长柄刮板搅拌均匀。5.拌得差不多的时候，加入牛奶，再搅拌均匀，然后倒入切好的核桃和巧克力起酥，搅拌均匀，制成面团。6.在烤模里，铺上烘培纸之后，用长柄刮板把面团盛入烤馍内，至大约八分满，然后放入预热到180℃的烤箱中，烘烤25～30分钟；从烤箱中取出烤模，把烤好的松饼放入装饰用的盘子即可。

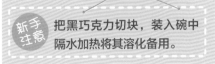

新手注意 把黑巧克力切块，装入碗中隔水加热将其溶化备用。

大豆糯米松饼

工具 搅拌器，筛网，松饼杯，烤箱

材料*3人份 糯米粉110克，炒好的大豆粉20克，细砂糖40克，牛奶100毫升，葡萄籽油20毫升，鸡蛋1个，蛋黄15克，泡打粉3克，煮好的红豆适量

做法 1.把鸡蛋和蛋黄打入容器中，用搅拌器打散后，加入细砂糖，搅拌至细砂糖溶化。2.再加入牛奶，搅拌均匀。3.依次用筛网将糯米粉、泡打粉和炒好的大豆粉过筛至容器中，继续搅拌均匀。4.倒入葡萄籽油，搅拌均匀，制成面糊。5.取松饼杯，倒入面糊至八九分满，再适量地撒些煮好的红豆，并放入烤盘，然后把烤盘放入预热好的烤箱内，以180℃烤25～30分钟，取出烤好的松饼即可。

椰子汁松饼

工具 搅拌器，筛网，饭勺，枫叶形烤模，刷子，烤箱

材料*2人份 黄油50克，鸡蛋1个，低筋面粉120克，椰子汁60克，细砂糖45克，盐少许，泡打粉13克，椰子仁20克

做法 1.将黄油倒入容器中，用搅拌器打散，加入细砂糖，搅匀。2.把鸡蛋打散，再一点点地加进拌好的黄油中，拌匀。3.将低筋面粉、泡打粉和盐过筛至容器中，用饭勺像切东西似的把容器内的材料拌匀。4.在拌得差不多的时候，放入椰子仁，拌匀。5.再加入椰子汁，继续拌匀成面糊。6.在枫叶形烤模里刷一层黄油，然后倒入面糊至八九分满，并放入烤盘，再入预热好的烤箱，以180℃烤25～30分钟即可。

糯米果仁小甜饼

▌工具▐ 筛网，搅拌器，小烤模，烤箱

▌材料*2人份▐ 糯米粉90克，可可粉10克，泡打粉3克，细砂糖25克，黑巧克力50克，牛奶90毫升，鸡蛋1个，蛋黄15克，葡萄籽油、核桃、胡桃、南瓜籽、腰果各适量

▌做法▐ 1.用筛网将糯米粉、可可粉、细砂糖、泡打粉过筛至容器中，用搅拌器拌匀。2.把蛋黄、鸡蛋、牛奶混合搅拌后，加到步骤1的材料中，拌匀，制成面糊；把溶化好的黑巧克力加入葡萄籽油，搅拌之后，倒入面糊中，搅拌均匀。3.把拌好的面糊倒入小烤模内，再撒上核桃、胡桃、南瓜籽、腰果，放入已预热好的烤箱中，以170℃烤约30分钟，取出烤好的饼干即可。

新手注意

撒在小甜饼表面的坚果可以用其他的坚果来代替。

奶油松饼

▌工具▐ 搅拌器，电动搅拌器，刷子，蛋糕刀，华夫炉

▌材料*4人份▐ 牛奶200毫升，低筋面粉180克，蛋白105克，蛋黄45克，溶化的黄油30克，细砂糖75克，泡打粉5克，盐2克，黄油适量，打发鲜奶油10克

▌做法▐ 1.依次将细砂糖、牛奶、低筋面粉、蛋黄、泡打粉、盐、溶化的黄油倒入容器中，用搅拌器拌匀，制成面糊。2.用电动搅拌器将蛋白打发均匀后，倒入面糊中，拌匀。3.华夫炉预热，并用刷子在其表面上刷一层溶化好的黄油，倒入拌好的面糊，以200℃烤2分钟至熟。4.取出烤好的松饼，用蛋糕刀将其切成四等份。5.在一块松饼上抹打发鲜奶油，再叠上另一块松饼，然后从中间切开呈扇形即可。

新手注意

松饼上不要抹太多奶油，以免影响奶油松饼的口感。

花生腰果松饼

▶ **工具** ◀ 搅拌器，筛网，长柄刮板，烤模，烘培纸，烤箱

▶ **材料*2人份** ◀ 黄油30克，花生酱50克，低筋面粉110克，黄糖40克，泡打粉4克，盐少许，鸡蛋1个，牛奶55毫升，腰果、花生各30克

▶ **做法** ◀ 1.把黄油和花生酱倒到搅拌碗里，用搅拌器打匀，加入黄糖，搅拌均匀。2.加入打好的鸡蛋，搅拌均匀，用筛网将低筋面粉过筛至搅拌碗里，加入泡打粉和盐，用长柄刮板搅拌均匀。3.拌得差不多的时候，加入牛奶，搅拌均匀，倒入切碎的花生，用长柄刮板继续搅拌均匀，制成面团。4.在烤模内，依次放入烘培纸，再倒入面团，至七分满，并在面团上，撒入1~2颗腰果，放入预热到180℃的烤箱里，烤25~30分钟；从烤箱中取出烤好的松饼，装入盘中即可。

①
②
③
④

新手注意 在制作面团过程中，要将面团搅拌均匀，否则松饼烤好之后会变得很硬，或是会结成块，影响口感。

艾草英式松饼

▶ **工具** ◀ 刮板，刷子，烤箱

▶ **材料*4人份** ◀ 高筋面粉200克，艾草粉5克，水125毫升，葡萄籽油10毫升，细砂糖15克，盐2克，快速活性干酵母3克，黑芝麻少许

▶ **做法** ◀ 1.将高筋面粉加水、细砂糖、盐、干酵母、艾草粉和葡萄籽油拌匀后进行和面，然后将面团放置一边，让其发酵35～40分钟后，再挤出面团里的气体，用刮板分成8个大小一致的球状面团，再进行5～10分钟的中间发酵。2.中间发酵结束后，把球状面团揉圆，并把面团中的气体排出来。3.把球状的面团放到案板上，稍微按压一下，在其表面上，稍稍地用刷子涂点水，再撒上一些黑芝麻，制成松饼生坯。4.把松饼生坯放到烤盘上，进行35～40分钟的第二轮发酵；待发酵结束后，放到预热至190℃的烤箱里，烤大约15分钟，取出即可。

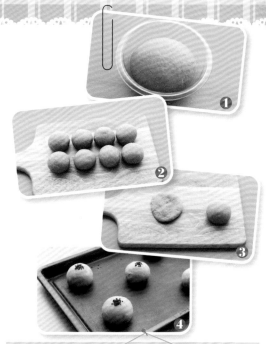

新手注意 艾草粉可以自己在家用艾草磨，也可以到市场上买现成的。不喜欢艾草味道的朋友，可以做原味松饼。

酸奶松饼

▶ **工具** ◀ 长柄刮板，搅拌器，筛网，松饼杯，烤箱

▶ **材料*2人份** ◀ 黄油50克，细砂糖80克，鸡蛋1个，低筋面粉120克，泡打粉1小匙，无糖原味酸奶50克，柠檬1个，粗盐适量，糖粉25～35克

▶ **做法** ◀ 1.将粗盐涂抹在切成片的柠檬上，再将柠檬片放到置于火上的锅里，加入细砂糖和水，用长柄刮板搅拌均匀后，用中火略煮片刻。2.待煮到剩一半的水后，取出，冷却后，柠檬糖浆即成。3.把黄油倒入容器中，用搅拌器打散之后，加入细砂糖，搅拌均匀。4.把打好的鸡蛋分几次倒进去，搅拌均匀。5.用筛网将低筋面粉和泡打粉过筛至容器中，用长柄刮板搅拌均匀。6.在拌得差不多的时候，加入柠檬糖浆、糖粉和酸奶，搅拌匀，制成面糊，然后装进松饼杯里，放入预热至180℃的烤箱中，烤25～30分钟即可。

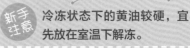

新手注意 冷冻状态下的黄油较硬，宜先放在室温下解冻。

比斯考提

▌**工具**▐ 搅拌器，筛网，长柄刮板，面包刀，烤箱

▌**材料*3人份**▐ 制饼用大米粉130克，杏仁粉30克，细砂糖60～75克，泡打粉4克，鸡蛋1个，葡萄籽油10毫升，杏仁50克，蔓越莓20克，盐少许

▌**做法**▐ 1.把杏仁放入烤盘内，再放到预热至170℃的烤箱里，烤3～4分钟，取出备用。2.往搅拌碗中倒入打好的鸡蛋，加入细砂糖、葡萄籽油，用搅拌器搅拌均匀。3.用筛网将大米粉、杏仁粉、泡打粉过筛至搅拌碗中，加入盐、蔓越莓、杏仁，用长柄刮板搅拌均匀，制成面团。4.用手把面团捏好，放入烤盘，再入预热到180℃的烤箱中，烘烤25～30分钟。5.取出烤好的面团，用面包刀切成块状。6.把切好的饼干放在烤盘上，放入预热到160～170℃的烤箱中，继续烤10分钟后，把饼干反过来，再烤10分钟即可。

新手注意 大米粉与低筋面粉、葡萄籽油与葵花籽油均可代替。

 # 巧克力华夫饼

▌**工具**▐ 裱花袋，搅拌器，刷子，电动搅拌器，剪刀，华夫炉

▌**材料*2人份**▐ 牛奶200毫升，溶化的黄油30克，细砂糖75克，低筋面粉180克，泡打粉5克，盐2克，蛋白、蛋黄各75克，黄油适量，黑巧克力液30克，草莓3颗，蓝莓少许

▌**做法**▐ 1.依次将细砂糖、牛奶、低筋面粉、蛋黄、泡打粉、盐、溶化的黄油倒入容器中，用搅拌器搅成糊状。2.用电动搅拌器将蛋白打发，倒入面糊中，打发匀。3.华夫炉温度调成200℃，预热，用刷子涂上溶化的黄油，倒入面糊，烤1分钟。4.把烤好的华夫饼，切四份装盘，放上蓝莓和草莓。5.将黑巧克力液装入裱花袋，用剪刀剪开小口，挤在华夫饼上即可。

新手注意 裱花袋的口不要剪太大，否则不易控制黑巧克力液挤出的量，会使华夫饼上黑巧克力液过多，影响口感。

华夫饼

▌**工具**▐ 搅拌器，筛网，保鲜膜，刷子，勺子，华夫炉

▌**材料*2人份**▐ 低筋面粉200克，鸡蛋3个，牛奶250毫升，草莓块25克，细砂糖40克，草莓酱15克，盐2克，溶化的黄油、酵母粉各适量

▌**做法**▐ 1.将鸡蛋用搅拌器打散成蛋液；牛奶中加入酵母粉，拌匀；用筛网将低筋面粉过筛至容器中，加入细砂糖、盐、蛋液、拌好的牛奶、黄油，搅拌均匀，制成面糊，盖上保鲜膜，饧发30分钟。2.将华夫炉预热，用筛子在其表面上刷一层黄油，用勺子舀入面糊。3.盖上盖子，以200℃烤2分钟至金黄色。4.待蒸汽变小后脱模，并装入盘中，放入草莓块，淋入草莓酱即可。

新手注意 华夫饼上不但可以淋上草莓酱，还可以根据个人口味涂上你喜爱的各种酱料、沙拉或放上冰激凌，口味多变。

铜锣烧

> **工具** 搅拌器，筛网，裱花袋，剪刀，刷子，煎锅

> **材料*2人份** 低筋面粉240克，鸡蛋200克，食粉3克，水6毫升，牛奶15毫升，蜂蜜60克，色拉油40毫升，细砂糖80克，糖液适量

> **做法** 1.依次将水、牛奶、细砂糖倒入容器中，用搅拌器拌匀；加入色拉油、鸡蛋，快速拌匀；倒入蜂蜜，拌匀；用筛网将低筋面粉和食粉一起过筛至容器中，快速拌匀呈糊状。2.将面糊倒入裱花袋中，在尖端部位剪一个小口。3.依次将面糊挤入已烧热的煎锅上，煎熟后装盘。4.用刷子在煎好的面皮上刷一层糖液，再叠上另一块煎好的面皮。5.将其余面皮按此步骤4完成即可。

新手注意 制作铜锣烧时，煎锅内不需要放油；小火加热至表面完全凝固时再翻面，这个时候背面基本呈咖啡色。

红豆铜锣烧

> **工具** 搅拌器，筛网，裱花袋，剪刀，刷子，煎锅

> **材料*4人份** 低筋面粉240克，鸡蛋200克，食粉3克，水6毫升，牛奶15毫升，蜂蜜60克，色拉油40毫升，细砂糖80克，糖液适量，红豆馅40克

> **做法** 1.依次将水、牛奶、细砂糖倒入容器中，用搅拌器拌匀；加入色拉油、鸡蛋，快速拌匀；倒入蜂蜜拌匀；用筛网将低筋面粉和食粉一起过筛至容器中，快速拌匀呈糊状。2.将面糊倒入裱花袋中，在尖端部位剪一个小口。3.依次将面糊挤入已烧热的煎锅上，煎熟后装盘。4.用刷子在煎好的面皮上刷一层糖液，放入红豆馅，再叠上另一块面皮。5.将其余面皮按此步骤4完成即可。

新手注意 在制作铜锣烧时，要使用平底不粘锅，因为平底锅能让铜锣烧在煎制过程中受热均匀，且不易煎糊。

一人一口酥
酥饼

集上千年传统工艺之精华，结合现代化科技和优质原料精心制作的酥饼，十分讲究色、香、味、形，而且层次清晰，脆而不碎，油而不腻，香酥适口，让你咬上一口，就能感受到它的极致酥脆，还欲罢不能。

🧁 香口派

▶ **工具** ◀ 筛网，刮板，保鲜膜，小酥棍，圆形花边模具，小刀，烤箱

▶ **材料*4人份** ◀ 高筋面粉100克，低筋面粉100克，黄油110克，冷水60毫升，细砂糖适量

▶ **做法** ◀ 1.用筛网将高筋面粉和低筋面粉过筛至搅拌碗里，放入切好的黄油，用刮板一边把黄油切开，一边与面粉拌匀。2.在中间位置留出坑，把冷水和盐倒进去，拌匀后和成团，冷藏1小时左右。3.取出后撒上面粉，擀长后将其两端的1/3处折叠起来，再冷藏30分钟。重复2次后把面团拿出，底部撒细砂糖后擀开，成皮。4.将面皮用模具印下，擀开后再撒糖，放到预热至190℃的烤箱里烘烤15分钟。

新手注意 在制作香口派的过程中，加入黄油时，温度不宜太高，否则容易造成油、水分离。

手指酥饼

▌**工具**▐ 筛网，搅拌器，电动搅拌器，裱花袋，剪刀，烤箱

▌**材料*2人份**▐ 鸡蛋2个，细砂糖65克，低筋面粉80克，香草粉5克，盐适量

▌**做法**▐ 1.把低筋面粉和香草粉混合均匀，用筛网将其过筛两次。2.将鸡蛋分离出蛋白与蛋黄；取20克细砂糖与蛋黄混合，用搅拌器搅拌至细砂糖溶化，制成蛋黄液。3.取45克细砂糖与蛋白混合，用电动搅拌器打发均匀，加入备好的蛋黄液、盐，再加入已过筛两次的粉末，轻轻搅拌均匀，制成面糊。4.将面糊装入裱花袋中，在尖端部位剪一个小口，然后在烤盘上挤成条状，再放入已预热好的烤箱内，以180℃烤约20分钟至表面呈金黄色，取出装盘即可。

新手注意 混合蛋白蛋黄以及混合面粉与鸡蛋糊的时候，要注意轻轻搅拌，用刮勺从底部向上翻拌，不要划圈以免消泡。

葡萄酥饼

▌**工具**▐ 小刀，电动搅拌器，筛网，烤焙纸，烤箱

▌**材料*2人份**▐ 低筋面粉、奶油各100克，葡萄干5克，糖粉35克，蛋黄15克，胚芽粉4克

▌**做法**▐ 1.将葡萄干放入冷开水中，泡软后，切末；奶油放在室温中，使其慢慢变软，再分次加入糖粉，并用电动搅拌器打发呈乳白状。2.用搅拌器将蛋黄打散，分2次倒入打发好的奶油中，拌匀。3.用筛网将低筋面粉过筛至奶油和蛋黄的混合物中，拌匀；再放入葡萄干、胚芽粉，拌匀成面团。4.将面团切成大小适合的小面团，用手按扁，然后放在铺有烤焙纸的烤盘上，再入已预热好的烤箱中，以180℃烤30分钟即可。

新手注意 在制作葡萄干时，可以先将葡萄干用朗姆酒浸泡，因浸泡后会有朗姆酒的香气，让葡萄小饼干的味道更好。

新手注意

烤巧克力杏仁饼的时候，注意不要烤焦，要把握好烘烤时间。

🧁 巧克力杏仁酥饼

工具 刮板，保鲜膜，刀，烤箱

材料*5人份 黄油200克，杏仁片40克，低筋面粉275克，可可粉25克，鸡蛋1个，蛋黄30克，糖粉150克

做法 1.将可可粉倒入装有低筋面粉的容器中，混合均匀，再倒在操作台上，用刮板开窝，往窝中倒入黄油、糖粉，并用刮板将黄油切成块。2.将鸡蛋与蛋黄倒在黄油上，把四周的粉末往中间覆盖。3.边覆盖边按压成形，再分两次加入杏仁片，揉匀成面团，盖上保鲜膜。4.将面团放入冰箱，冷藏30分钟后取出。5.将面团用刀切成片，放入烤盘，再放入已预热好的烤箱内。6.把温度调成上火170℃，下火130℃，烤15分钟至熟，取出烤好的饼干，装盘即可。

新手注意

湿度很高的季节，可以把饼干烤一下，去掉水分再保存。

🧁 巧克力酥饼

工具 刮板，刷子，烤箱

材料*3人份 黄油90克，细砂糖60克，鸡蛋1个，蛋黄30克，低筋面粉150克，泡打粉2克，食粉2克，巧克力豆50克，杏仁片适量

做法 1.将食粉、泡打粉倒入装有低筋面粉的容器中，混合均匀，再把混合好的面粉倒在操作台上，用刮板开窝。2.往窝中倒入细砂糖、鸡蛋，搅拌均匀。3.将黄油倒在窝中，盖上四周混合均匀的面粉，并用手按压成形，制成面团。4.把巧克力豆分三次放到面团上，继续按压，然后用手取适量的小面团放入烤盘，用刷子把蛋黄打散成蛋液并刷在面团上，放入杏仁片，再入已预热好的烤箱内，以180℃烤15分钟即可。

杏仁蜂蜜酥饼

▶ **工具** 刮板，裱花袋，刀，烤箱

▶ **材料*4人份** 黄油257克，糖粉150克，蛋白20克，低筋面粉252克，柠檬皮末25克，杏仁粉37克，细砂糖2.5克，蜂蜜3克

▶ **做法** 1.取250克低筋面粉、32克杏仁粉倒在操作台上，用刮板开窝；往窝中倒入250克黄油、糖粉、15克蛋白，揉成面团。2.放入柠檬皮末后搓条，然后放入冰箱冷藏1小时。3.依次将7克黄油、2克低筋面粉、蜂蜜、5克杏仁粉、细砂糖、6克蛋白倒入容器中，拌匀成馅。4.将馅倒入裱花袋中；取出长条面团后切片，挤上馅放入烤盘。5.将烤盘放入烤箱，温度调成上下火150℃，烤15分钟即可。

新手注意

这款西饼油脂与糖的含量相当，须先冷藏才能取出切片。

 # 布列塔尼酥饼

▶ **工具** 刮板，刷子，烤箱

▶ **材料*2人份** 糖粉35克，玉米淀粉20克，高筋面粉5克，黄油100克，蛋黄液15克

▶ **做法** 1.依次将高筋面粉、玉米淀粉倒在操作台上，混合均匀后，用刮板开窝。2.往窝中倒入糖粉、黄油，然后盖上四周的面粉。3.边用刮板将周边的粉末往窝中收拢，再边用手按压，揉匀成形，制成面团。4.将面团分成大小均等的8份，并依次搓圆，再轻轻地压平，制成布列塔尼酥生坯。5.将布列塔尼酥生坯放入烤盘，用刷子刷上适量的蛋黄液，并放入烤箱内。6.把烤箱温度调为上下火170℃，烤15分钟至熟，然后取出烤好的酥饼，并装入盘中即可。

新手注意

因大量的油脂与糖在搅拌中裹入了大量的空气，故可使面糊松软。

铜板酥

▶ **工具** ◀ 刮板，小酥棍，保鲜膜，刀，高温布，烤箱

▶ **材料*3人份** ◀ 黄油144克，糖粉75克，盐2克，牛奶32毫升，高筋面粉160克，低筋面粉80克，泡打粉3克，抹茶粉20克，鸡蛋1个

▶ **做法** ◀ 1.将高筋面粉、低筋面粉倒在操作台上，开窝，然后将黄油、糖粉、鸡蛋倒在窝中，用刮板将鸡蛋与糖粉拌匀。2.将泡打粉、盐、牛奶倒入窝中，用刮板将周边面粉覆盖至中间，边用刮板将周边面粉盖上，边用手按压揉匀成形。3.将面团分成两等份，取一份加入抹茶粉，按压成形，将另一份揉搓成条状。4.将长条状的放到抹茶皮上，将边沿叠合成形，用刮板将两边不整齐的切除，用保鲜膜包好放到冰箱冷藏1个小时至变硬。5.将面团拿出，切片，将其放入铺有高温布的烤盘中。6.将烤盘放入烤箱，上下火为150℃，烤17～19分钟至熟，取出烤盘，铜板酥装盘即可。

新手注意 在烘焙时，温度过高易使其边缘烤焦且降低扩散能力。

紫薯酥饼

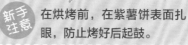

▶ **工具** 刮板，搅拌器，刷子，烤箱

▶ **材料*2人份** 紫薯泥60克，黄油50克，蜂蜜28克，蛋黄10克，水10毫升，泡打粉7克，低筋面粉100克

▶ **做法** 1.把泡打粉倒在装有低筋面粉的碗中，用搅拌器搅拌均匀，然后倒在操作台上，用刮板开窝。2.往窝中倒入水、黄油、蜂蜜，一边将周围的粉末盖上，一边用手按压并揉搓成面团。3.把揉好的面团用刮板一分为四，再分别揉圆，并用手捏平成面皮，将紫薯泥放在面皮上，捏紧、压平，成饼状，制成紫薯饼生坯。4.将紫薯饼生坯放入烤盘中，用刷子将蛋黄打散成液，刷在紫薯饼生坯表面上，然后把烤盘放入烤箱。5.将温度调成上下火180℃，烤15~20分钟至熟。6.从烤箱中取出烤盘，把烤好的紫薯饼装入盘中即可。

新手注意 在烘烤前，在紫薯饼表面扎眼，防止烤好后起鼓。

 # 白兰酥饼

【工具】 刮板，烤箱

【材料*3人份】 低筋面粉160克，黄油70克，糖粉50克，蛋白25克，牛奶香粉5克，芒果果肉馅适量

【做法】 1.依次将低筋面粉、香粉倒在操作台上，用刮板开窝，往窝中倒入糖粉、蛋白，拌匀。2.将黄油倒入窝中，盖上四周的粉末，边将周边的粉末盖上，边用手按压并揉匀，制成面团。3.然后用手将面团分成大小均等的9个小面团，揉圆，再放入烤盘。4.用手指依次在小面团中间按压，成一个小孔，然后在孔上放入芒果果肉馅。5.将烤盘放入烤箱，温度调成上下火170℃，烤20分钟至熟。6.从烤箱中取出烤盘，把烤好的白兰饼装入盘中即可。

新手注意 烘焙的温度与时间会直接影响到成品的成败，温度过低会造成成品的干硬，色淡，且扩散面积过大。

 # 全麦核桃酥饼

【工具】 刮板，烤箱

【材料*2人份】 全麦粉125克，糖粉75克，鸡蛋1个，核桃碎适量，黄油100克，泡打粉5克

【做法】 1.将全麦粉倒在操作台上，用刮板开窝。2.往窝中倒入糖粉、鸡蛋，搅拌均匀。3.然后加入黄油、泡打粉、核桃碎，再盖上周边的全麦粉，搅拌均匀，并揉搓成面团。4.用刮板将面团切成几个小剂子，揉搓成圆形，制成全麦核桃酥生坯。5.把全麦核桃酥生坯放入烤盘中，再将烤盘放入烤箱中。6.将烤箱温度调成上火160℃，下火180℃，烤约15分钟至熟；从烤箱中取出烤盘，把烤好的全麦核桃酥饼装入盘中即可。

新手注意 尽量不要让大块的熟核桃仁碎暴露在表面上，否则会烤焦，除非使用生核桃仁碎，可以直接点缀在表面。

红糖桃酥

》【工具】《 刮板，烤箱

》【材料*3人份】《 细砂糖50克，红糖粉25克，盐1克，猪油80克，蛋黄15克，低筋面粉150克，食粉2克，泡打粉1克，核桃碎40克

》【做法】《 1.将低筋面粉倒在操作台上，用刮板开窝；然后往窝中加入细砂糖、蛋黄，搅拌均匀。2.再加入泡打粉、食粉、盐、红糖粉。3.边覆盖四周的粉末边用手按压，再加入猪油，揉匀。4.放入核桃碎，揉匀成形，然后取适量大小的面团，搓圆，放入烤盘，用手指在面团中间按压成形。5.将烤盘放入烤箱，温度调成上火180℃，下火160℃，烤15分钟至熟。6.从烤箱中取出烤盘，把烤好的酥饼装盘即可。

 新手注意 核桃不需要事先烘烤；核桃酥放置在烤盘上的时候空隙要留多些，以免烤后膨胀拥挤，影响最后成品造型。

香辣条

》【工具】《 刮板，小酥棍，刀，刷子，烤箱

》【材料*4人份】《 中筋面粉200克，黄油100克，辣椒粉少许，泡打粉4克，鸡蛋1个，蛋黄20克，细砂糖55克

》【做法】《 1.将辣椒粉、泡打粉混合均匀后，倒在操作台上，用刮板开窝。2.往窝中倒入细砂糖、鸡蛋、黄油、中筋面粉，拌匀，并揉搓成团。3.用小酥棍将面团压成片状，再用刀切成竖条状，制成香辣条生坯。4.将香辣条生坯放入烤盘，用刷子把蛋黄搅散成蛋液。5.在香辣条生坯上，均匀地刷上蛋黄液，然后把烤盘放入烤箱中，以上下火160℃烤10分钟至熟。6.从烤箱中取出烤盘，将烤好的香辣条装入盘中即可。

新手注意 香辣条的烘烤时间和温度依自家烤箱性能而定；饼干很薄，很容易烤熟，所以应注意火候，不要烤糊。

香草酥饼

▶ **工具** ◀刮板，小酥棍，刀，叉子，高温布，烤箱

▶ **材料*2人份** ◀黄油60克，糖粉25克，盐3克，低筋面粉110克，香草粉7克，莳萝草末、迷迭香末各适量

▶ **做法** ◀1.依次将低筋面粉、莳萝草末、迷迭香末、香草粉、糖粉倒在操作台上，用刮板开窝；往窝中倒入盐、黄油，盖上四周的材料，一边用刮板将四周的材料往中间盖上，一边用手按压、揉匀，制成面团。2.用小酥棍将面团擀平成面皮，用刀将面皮周边不整齐部分切去，然后将面皮切成长约4厘米，宽约2厘米的块状，用叉子轻轻在面皮上戳小孔。3.再用刀在中间按压成形，制成饼干生坯，放入铺有高温布的烤盘上。4.把烤盘放入烤箱中，温度调成上下火170℃，烤15分钟，取出烤盘，将香草饼干装入盘中即可。

①
②
③
④

新手注意 面团如果在操作过程中变软变黏，可以放入冰箱冰冻直至变硬，也可以在小酥棍撒上面粉防粘。

圣诞饼干

▶ **工具** ◀ 刮板，小酥棍，量尺，高温布，叉子，烤箱

▶ **材料*5人份** ◀ 色拉油50克，细砂糖50克，肉桂粉2克，牛奶45毫升，低筋面粉275克，全麦粉50克，红糖粉125克

▶ **做法** ◀ 1.依次将低筋面粉、全麦粉、肉桂粉倒在操作台上，用刮板开窝；往窝中倒入细砂糖、牛奶、红糖粉，搅拌均匀。2.倒入色拉油，用刮板盖上四周粉末，一边盖上粉末，一边按压、揉匀，制成面团，再用小酥棍将面团擀平成片状。3.用刀将面皮不整齐的部分切去，再使用量尺把面皮切成长块状，制成饼干生坯；将饼干生坯放入垫有高温布的烤盘中。4.用叉子在饼干生坯上戳一些小孔，把烤盘放入烤箱，温度调成上下火160℃，烤15～20分钟至熟，从烤箱中取出烤好的饼干，并装入盘中即可。

① ② ③ ④

新手注意 这款饼干含糖量最高，且面团干硬，多以手或模型来成形，口感脆硬。

 # 巧克力手指酥饼

▶【工具】◀ 电动搅拌器，筛网，长柄刮板，裱花袋，高温布，竹签，剪刀，烤箱

▶【材料*2人份】◀ 低筋面粉95克，细砂糖60克，蛋白105克，蛋黄45克，白巧克力液、黑巧克力液各适量

▶【做法】◀ 1.用电动搅拌器将蛋白、一半细砂糖，打发成蛋白部分；将蛋黄和剩余细砂糖，打发成蛋黄部分。2.将低筋面粉过筛至蛋白部分中拌匀，分两次倒进蛋黄部分中拌成面糊，用长柄刮板把面糊装入裱花袋，剪开小口。3.在铺有高温布的烤盘上挤入面糊，呈长条状。4.放入温度调成上下火160℃的烤箱中，烤10分钟。5.取出后先蘸上黑巧克力液，然后把白巧克力液装入裱花袋，挤在饼干上，用竹签在巧克力液上划线，形成花纹即可。

 # 格格花心酥饼

▶【工具】◀ 刮板，高温布，刷子，竹签，烤箱

▶【材料*3人份】◀ 黄油100克，糖粉50克，鸡蛋1个，奶粉15克，低筋面粉175克，蛋黄适量

▶【做法】◀ 1.将低筋面粉倒在操作台上，用刮板开窝，倒入糖粉抹平，加入鸡蛋液、黄油。2.边用刮板将面粉盖上，边用手按压揉匀，加入奶粉，继续按压揉匀成面团。3.将面团搓成长条，再分若干个小剂子，揉圆压平成饼干生坯。4.将饼干生坯放入垫有高温布的烤盘中；蛋黄用刷子拌匀，刷在饼干生坯上，用竹签在其表面划井字形花纹。5.将烤盘放入烤箱，温度调成上下火170℃，烤15分钟，把烤好的格格花心装盘即可。

贝果干酪酥饼

▌**工具**▐ 刮板，刷子，竹签，烤箱

▌**材料*6人份**▐ 黄油160克，食粉2克，吉士粉20克，鸡蛋1个，牛奶20毫升，花生碎35克，糖粉165克，低筋面粉320克，蛋黄15克

▌**做法**▐ 1.将低筋面粉倒在操作台上，用刮板开窝，往窝中倒入糖粉，把吉士粉倒在窝边的低筋面粉上。2.将鸡蛋、牛奶、食粉、黄油倒在糖粉上，拌匀。3.边将面粉往中间覆盖，边用手按压、揉匀，分三次加入花生碎，揉成团。4.取一段面团，分成6份，揉圆、压平，放入烤盘，用刷子把蛋黄拌匀成蛋液，刷在面团上。5.用竹签在其表面上划十字花纹，再刷一层蛋黄液，入烤箱，温度调成上下火170℃，烤15分钟即可。

新手注意

在将贝果干酪放入烤箱前，刷一层蛋黄液，烤好后表面呈金黄色。

黄金烧

▌**工具**▐ 刮板，高温布，烤箱

▌**材料*4人份**▐ 黄油140克，糖粉100克，蛋黄15克，低筋面粉240克

▌**做法**▐ 1.将低筋面粉倒在操作台上，用刮板开窝；往窝中倒入糖粉、蛋黄、黄油，拌匀。2.边用刮板将面粉往中间覆盖，边用手按压、揉匀，制成面团；将面团分成两半，取其中一个搓成长条形状。3.用刮板将长条面团分成若干个小剂子，揉圆，制成饼干生坯；将饼干生坯放入垫有高温布的烤盘中，用三个手指将其捏成形状。4.将烤盘放入烤箱，温度调成上火180℃，下火160℃，烤15~20分钟至熟。5.从烤箱中取出烤盘，把烤好的黄金烧装入盘中即可。

新手注意

焙烤的时间不能过长，可根据黄金烧的大小进行微调。

百变生妙趣
压模饼干

简单的配方，精致可爱的造型，一一呈现在你的眼球里，这是一种较为时尚新颖的饼干。不但营养丰富，而且还带有浓浓的牛奶味，深受小朋友的欢迎。

巧克力牛奶饼干

工具 刮板，小酥棍，电动搅拌器，圆形压模，裱花袋，烘焙纸，牙签，烤箱

材料*4人份 黄油100克，糖粉60克，蛋白20克，低筋面粉180克，可可粉20克，奶粉20克，黑、白巧克力液各适量，白奶油50克，牛奶40毫升

做法 1.将低筋面粉、奶粉、可可粉倒在操作台上，用刮板开窝，倒入蛋白、糖粉、黄油，揉成团。2.用小酥棍将面团擀平，用圆形压膜压出生坯，入烤箱以170℃烤15分钟。3.白奶油加牛奶用电动搅拌器打发匀，装入裱花袋。4.白巧克力液装入裱花袋，烤好的饼放在烘焙纸上，在其中4块表面挤馅，另4块粘上黑巧克力液，盖在挤了馅的饼上，再挤白巧克力液，用牙签画花纹即可。

新手注意 将拌好的面团放进冰箱冷冻半个小时，直到面团变干爽再拿出来进行下一步加工，做出来的饼干口感更好。

圣诞姜饼人

▶【工具】电动搅拌器，小酥棍，人形模具，刷子，裱花袋，剪刀，烤箱

▶【材料*5人份】低筋面粉250克，软化的黄油50克，水30毫升，红糖粉25克，糖粉120克，蜂蜜35克，蛋黄25克，姜粉5克，蛋白10克

▶【做法】1.将软化的黄油、糖粉50克、红糖粉、蜂蜜、姜粉装入容器中用电动搅拌器打发均匀。2.加入低筋面粉，打发匀，倒在操作台上，揉成团。3.用小酥棍将面团擀成面皮，放上人形模具，按压，制成饼干生坯，放入烤盘。4.蛋黄打散加水混匀，刷在饼干生坯上，入烤箱以170℃烤10分钟取出。5.将蛋白和糖粉70克混合打发匀，成蛋白砂糖霜，装入裱花袋，用剪刀剪一个小口，在烤好的饼干上挤入图案即可。

新手注意

裱花袋前端的口不宜剪太大，不然不利于控制糖霜的量。

 # 圣诞树饼干

▶【工具】电动搅拌器，小酥棍，饼模，裱花袋，剪刀，烤箱

▶【材料*3人份】低筋面粉120克，泡打粉4克，黄油40克，红糖、蜂蜜、蛋黄各15克，糖粉130克，蛋白20克，绿、红色食用色素、糖珠、温水各适量

▶【做法】1.将黄油、蛋黄、蜂蜜、低筋面粉、泡打粉装入一个容器中用电动搅拌器打发成面糊。2.红糖加温水拌匀，倒入面糊中，揉成团。3用小酥棍将面团擀成面皮，放上饼模，按压，制成饼干生坯，放入烤盘。4.再入烤箱，以170℃烤15分钟。5.将蛋白、糖粉混合拌成霜糖，分两部分，分别加入红、绿色素拌匀，并分别装入裱花袋，用剪刀剪出小口；将绿色霜糖填充整个饼干，在上面用红色霜糖画花纹，撒糖珠即可。

新手注意

在制作饼干时，适当添加一些奶粉，饼干的味道会更好。

新手注意

若天气热，擀好的面皮可以先放进冰箱冷冻，比较容易定形。

果糖饼干

▶【工具】◀ 电动搅拌器，筛网，饼模，小酥棍，烤箱

▶【材料*3人份】◀ 黄油100克，糖粉60克，鸡蛋1个，低筋面粉150克，奶粉20克，香粉3克，果糖、糖粉各适量

▶【做法】◀ 1.将黄油和糖粉倒入容器中，用电动搅拌器快速打发均匀。2.加入鸡蛋，继续打发均匀。3.用筛网将低筋面粉、奶粉、香粉过筛到容器中，拌匀，然后倒在操作台上，揉搓成面团。4.用小酥棍将面团擀成0.7厘米厚的片，再用饼模在面片上，按压出形状，再放上果糖，放入烤盘。5.将烤盘放入烤箱，调上火180℃、下火160℃ 烤15分钟至熟。6.将烤盘取出，过筛适量的糖粉装饰即可。

新手注意

黄油和糖粉充分混合均匀后，成品的口感会更加松脆。

花式饼干

▶【工具】◀ 电动搅拌器，筛网，长柄刮板，小酥棍，圆形模具，刷子，烤箱

▶【材料*2人份】◀ 低筋面粉110克，黄油50克，蛋白液25克，糖粉40克，盐2克，细砂糖、食用色素、蛋黄液各适量

▶【做法】◀ 1.将黄油倒入容器中，加入糖粉、盐，用电动搅拌器打发均匀，至顺滑。2.分三次加入蛋白液，打发均匀。3.用筛网将低筋面粉过筛至容器中，继续打发，制成面糊；用长柄刮板将面糊刮到操作台上，揉成团。4.用小酥棍把面团擀成薄片，放上圆形模具，按压出饼干生坯。5.在饼干生坯上，刷蛋黄液，粘上细砂糖与食用色素，放入烤盘。6.将烤盘放入预热好的烤箱，温度调成上下火175℃烤10分钟即可。

蓝莓果酱小饼干

▶【工具】电动搅拌器，小酥棍，圆形波浪纹模具，心形模具，烤箱

▶【材料*3人份】低筋面粉125克，蛋白30克，杏仁粉20克，软化的黄油45克，泡打粉3克，食盐少许，糖粉5克，蓝莓果酱适量

▶【做法】1.将软化的黄油、糖粉、蛋白、低筋面粉、食盐、泡打粉、杏仁粉装入一个容器中，用电动搅拌器打发均匀，再倒入操作台上，揉成团。2.把面团放入冰箱冷藏1小时后取出，用小酥棍擀成片，放上圆形波浪纹模具，按压出形状。3.取一半按压出形状的面片再用心形模具，按压出心形。4.在这两种面片中间放上蓝莓果酱后压紧，放入烤盘。5.再入烤箱，以180℃烤8分钟取出撒糖粉即可。

新手注意

若是没有蓝莓果酱，也可以使用其他口味的果酱来替代。

 # 奶酪饼干

▶【工具】电动搅拌器，筛网，长柄刮板，心形模具，烤箱

▶【材料*3人份】低筋面粉135克，鸡蛋1个，奶酪90克，软化的黄油70克，糖粉20克，百里香适量

▶【做法】1.将软化的黄油倒入容器中，加入糖粉，用电动搅拌器快速打到发白。2.加入鸡蛋，继续打至八分发。3.用筛网将低筋面粉过筛至容器中，打发均匀。4.加入奶酪、百里香，打发均匀，制成面糊；用长柄刮板将面糊刮到操作台上，揉成团。5.用小酥棍将面团擀成片状，放上心形模具，按压出心形状，制成饼干生坯，并放入烤盘。6.再入烤箱，温度调成上下火180℃，烤10分钟，取出放凉即可食用。

新手注意

可以将糖粉换成盐，将这款饼干做成咸味的。

卡雷特饼干

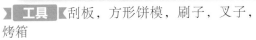

▶ 工具 ◀ 刮板，方形饼模，刷子，叉子，烤箱

▶ 材料*2人份 ◀ 黄油75克，糖粉40克，蛋黄25克，低筋面粉95克，泡打粉4克，柠檬皮末适量

▶ 做法 ◀ 1.将低筋面粉倒在操作台上，用刮板开窝，往窝中倒入泡打粉，刮向四周。2.将糖粉、蛋黄倒在窝中，用刮板拌匀，把黄油倒在糖粉上，将四周的粉末盖上。3.一边用刮板将四周粉末往中间聚拢，一边用手按压、揉匀，加入柠檬皮末，继续按压，揉搓成团。4.用刮板将面团分成大小均等的小块，取其中一块揉圆，放入方形饼模中，按平、压实，制成饼干生坯，放入烤盘。5.用刷子将蛋黄拌匀，制成蛋黄液，然后刷在饼干生坯表面上，用叉子在饼干生坯上划出十字。6.将烤盘放入烤箱，温度调成上火180℃，下火150℃，烤15~20分钟至熟，取出装入盘中即可。

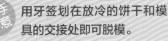

新手注意 用牙签划在放冷的饼干和模具的交接处即可脱模。

奶油饼干

▶ **工具** 刮板，小酥棍，勺子，大、小圆形模具，高温布，烤箱

▶ **材料*3人份** 黄油100克，糖粉60克，蛋白30克，低筋面粉150克，草莓果肉馅适量

▶ **做法** 1.将低筋面粉倒在操作台上，用刮板开窝，往窝中倒入糖粉、蛋白，用刮板搅拌均匀。2.加入黄油，一边用刮板将低筋面粉往窝中覆盖，一边用手按压、揉匀，制成面团。3.用手将面团先压平，再用小酥棍将面团擀平，成面皮，然后用大的圆形模具压出圆形面皮。4.取一半圆形面皮，放上小的圆形模具，按压一下，撕去多余的面皮，即可空心的圆形面皮；将空心的圆形面皮放在剩余的圆形面皮上，叠在一起，轻轻地压紧，制成饼干生坯。5.将饼干生坯放入垫有高温布的烤盘中，用勺子往空心的地方舀入草莓果肉馅。6.把烤盘放入烤箱，温度调成上下火170℃，烤15分钟，取出烤盘，将烤好的奶油饼干装盘即可。

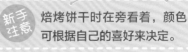

新手注意 焙烤饼干时在旁看着，颜色可根据自己的喜好来决定。

 # 心心相印

▶【工具】◀ 小酥棍，电动搅拌器，刮板，大、小桃心模具，烤箱

▶【材料*3人份】◀ 红梅果酱10克，糖粉75克，低筋面粉225克，黄奶油150克，细砂糖100克，鸡蛋1个，巧克力5克

▶【做法】◀ 1.将黄油、糖粉、细砂糖、鸡蛋、低筋面粉装入容器中，用电动搅拌器打发均匀，再倒入操作台，揉成团，再搓成条，并用刮板切开。2.取一半面团加入巧克力和匀，用小酥棍擀薄，另一半面团也擀薄。3.用大的桃心模具在面皮上按压成心形；加入巧克力的面皮也同样按压成心形，再用小的模具从中间按压成小桃心；然后将两块面皮叠放一起，入烤盘。4.再入烤箱，以170℃烤10分钟取出，在桃心中间挤上红梅果酱即可。

新手注意 因为涂上果酱后的饼干会逐渐丧失酥脆的口感，所以也可以在吃之前再涂上红梅果酱即可。

 # 心心苏打饼干

▶【工具】◀ 刮板，保鲜膜，小酥棍，心形模具，烤箱

▶【材料*5人份】◀ 低筋面粉250克，鸡蛋1个，黄油50克，细砂糖25克，蜂蜜35克，糖粉120克

▶【做法】◀ 1.将低筋面粉倒在操作台上，用刮板开窝。2.往窝中倒入糖粉、鸡蛋、细砂糖与蜂蜜拌匀，盖上周边的面粉，按压揉匀。3.再加入黄油揉匀成团，用保鲜膜包好放进冰箱冷藏松弛1个小时。4.松弛好的面团，放在操作台上，用小酥棍擀成厚约0.3厘米的薄片。5.用心形模具在面片上压出饼干生坯。6.将饼干生坯放在烤盘上，放入烤箱中层，温度调成上下火170℃，烤10分钟左右，取出装入盘中即可。

新手注意 在烘烤饼干的过程中，应该根据自己的烤箱功率调节温度和时间，并且随时观察以防饼干焦糊。

迷你肉松饼干

▶ 工具 ◀ 刀，电动搅拌器，筛网，长柄刮板，花形模具，刷子，烤箱

▶ 材料*2人份 ◀ 低筋面粉100克，蛋黄20克，肉松20克，软化的黄油50克，糖粉40克，蛋黄液30克

▶ 做法 ◀ 1.将软化的黄奶油加入糖粉，用电动搅拌器打发好。2.分次加入蛋黄及过筛后的低筋面粉，继续打发均匀，并揉成团。3.将面团分成数个小面团，捏成圆片形，包入肉松，收口，揉成团，放入烤盘，4.用花形模具在面团上，按压，呈现边纹，制成饼干生坯，也可按自己喜好选择模具造型。6.在饼干生坯上，刷蛋黄液，放入烤盘，再入烤箱，温度调成上下火均为180℃，烤20分钟至呈金黄色即可。

新手注意 要想让饼干质地特别脆，关键的就是要选择低筋面粉来制作饼干，也就是蛋白质比较少的小麦粉。

巧克力饼干

▶ 工具 ◀ 电动搅拌器，筛网，小酥棍，牙签，模具，烤箱

▶ 材料*3人份 ◀ 黄油100克，糖粉60克，鸡蛋1个，低筋面粉150克，奶粉20克，香粉3克，可可粉30克，奶油馅适量

▶ 做法 ◀ 1.将黄油、糖粉、鸡蛋倒入容器中，用电动搅拌器打发均匀。2.用筛网依次将低筋面粉、奶粉、香粉、可可粉过筛至容器中，继续打发均匀，并倒在操作台上，揉搓成团。3.用小酥棍将面团擀成面皮，放上模具，按压出形状，制成饼干生坯。4.用牙签在饼干生坯上戳些小孔做造型，放入烤盘。5.再入烤箱，温度调成上火180℃、下火160℃，烤15分钟至熟。6.取出后，在两块饼干中间抹上奶油陷压实即可。

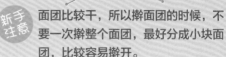

新手注意 面团比较干，所以擀面团的时候，不要一次擀整个面团，最好分成小块面团，比较容易擀开。

生奶油香草烤饼

【工具】 刮板，小酥棍，刷子，烤箱

【材料*4人份】 黄油40克，低筋面粉200克，生奶油115克，泡打粉6克，盐少许，细砂糖35～40克，干的香草粉2克

【做法】 1.依次将低筋面粉、细砂糖、盐、泡打粉、干的香草粉、黄油倒入容器中，搅拌均匀。2.倒入生奶油，搅拌均匀后，和成面团，用小酥棍将面团擀开。3.待面团擀开后，重叠折起来，再次擀开，此操作重复4～5次。4.最后一次擀开成面片，并用刮板切开。5.把切好的面片放到烤盘上，在表面刷一层薄薄的生奶油，放到预热至180～190℃的烤箱里，烘烤20～25分钟。6.从烤箱中取出烤盘，将烤好的饼干装入盘中即可。

小西饼

【工具】 电动搅拌器，筛网，小酥棍，饼模，烤箱

【材料*3人份】 黄油100克，糖粉60克，鸡蛋1个，低筋面粉150克，奶粉20克，香粉3克，装饰糖粉适量

【做法】 1.将黄油和糖粉倒入容器中，用电动搅拌器打发均匀，加入鸡蛋，继续打发。2.用筛网将低筋面粉、奶粉与香粉过筛至容器中，打发匀，制成面团。3.用小酥棍将面团擀成面片，用饼模在面片上，按压，制成小西饼生坯。4.将小西饼生坯放入烤盘，中间间隔一定距离。5.将烤盘放入烤箱，以上火180℃、下火160℃烤15分钟。6.从烤箱中取出烤好的小西饼，放凉，在其表面上过筛适量糖粉装饰即可。

心心相印饼干

▶【**工具**】◀刮板，保鲜膜，小酥棍，心形饼模，烤箱

▶【**材料*5人份**】◀低筋面粉250克，鸡蛋1个，黄油50克，细砂糖25克，蜂蜜35克，糖粉120克

▶【**做法**】◀1.将低筋面粉倒在操作台上，用刮板开窝。2.往窝中倒入糖粉、鸡蛋、细砂糖、蜂蜜，拌匀，盖上周边的低筋面粉，按压、揉匀。3.加入黄油，按压、揉匀，制成面团，用保鲜膜包好，放入冰箱冷藏1小时。4.取出松弛好的面团，放在操作台上，用小酥棍擀成厚约0.3厘米的薄面片。5.用心形饼模在擀好的面片上刻出饼干生坯。6.将生坯放在烤盘上，放入烤箱中层，以170℃烤10分钟左右即可取出。

新手注意

和好的面团要放入冰箱冷藏一段时间，使面团松弛。

星星圣诞饼干

▶【**工具**】◀刮板，保鲜膜，星形模具，刷子，烤箱

▶【**材料*5人份**】◀低筋面粉250克，鸡蛋1个，黄油50克，细砂糖25克，蜂蜜35克，糖粉120克，姜粉少量，鸡蛋液适量，水30毫升

▶【**做法**】◀1.将低筋面粉倒在操作台上，用刮板开窝后，倒入糖粉、鸡蛋、细砂糖、姜粉、蜂蜜，拌匀。2.盖上周边的面粉，按压、揉匀。3.加入黄油后揉匀成团，盖上保鲜膜，放入冰箱冷藏，松弛1小时。4.取出松弛好的面团，擀成面片。5.用星形模具在面片上按压出星形饼坯，放入烤盘。6.将鸡蛋液与水混合均匀，刷在饼坯上，放入烤箱，以上下火170℃烤10分钟，取出即可。

新手注意

做好的饼干放凉后一定要密封起来存放，否则饼干易受潮。

 巧克力花式酥饼

▋**工具**▋电动搅拌器，小酥棍，刷子，饼模，烤箱

▋**材料*2人份**▋黄奶油100克，糖粉60克，鸡蛋1个，低筋面粉150克，奶粉20克，香粉3克，白巧克力液适量

▋**做法**▋1.将黄油、糖粉、鸡蛋倒入容器中，用电动搅拌器打发均匀。2.用筛网将低筋面粉、奶粉、香粉过筛至容器中，继续打发均匀，制成面糊。3.将面糊倒在操作台上，揉匀成面团。4.用小酥棍把面团擀压成面片，再用饼模在面片上压出形状，即可花式酥饼生坯。5.将花式酥饼生坯放入烤盘中，再放入烤箱，温度调为上火180℃、下火160℃，烤15分钟。6.从烤箱中取出烤好的酥饼，放凉，刷上白巧克力液即可。

新手注意 若是没有糖粉，可以自制糖粉，用料理机把砂糖磨细即可，或者直接使用细砂糖来代替糖粉。

牛奶块

▋**工具**▋刮板，小酥棍，保鲜膜，长方形模具，叉子，烤箱

▋**材料*5人份**▋黄油70克，奶粉60克，蛋白30克，牛奶20毫升，中筋粉250克，盐1克，糖粉85克，泡打粉2克

▋**做法**▋1.依次将中筋面粉、泡打粉、奶粉倒在操作台上，用刮板开窝。2.往窝中倒入蛋白、牛奶、盐、糖粉，搅拌均匀。3.将周边的粉末往中间覆盖，再加入黄油，按压、揉匀，制成面团。4.用小酥棍把面团擀成片状，盖上保鲜膜，放入冰箱冷藏30分钟。5.用长方形模具在面片上按压，制成饼干生坯，再用叉子在其表面上戳些小孔，然后放入烤盘。6.将烤盘放入烤箱，以上火180℃、下火170℃烤20分钟即可。

新手注意 这款饼干个头小，在焙烤的时候一定注意火候，尤其是最后几分钟时最好守在烤箱旁，不要让饼干烤过了。

Part ❸
感受蛋糕的幸福滋味

一边就着糕点喝茶，一边听着优雅动听的音乐，或者一边与好友闲聊，一边看着来来往往的人群，然后全身放松地享受着蛋糕带来的和谐宁静。现简单介绍几种蛋糕的制作方法，让你做出属于自己幸福的蛋糕。

海绵蛋糕

在早上或午后来一块小小的海绵蛋糕，即可充饥，又可与下午茶搭配食用，悠闲自在，为忙碌的生活平添一点色彩。它软而细腻，甜度适中，是人们最常食用的糕点之一，老少皆宜，以温暖人心的姿态走进了千家万户。

抹茶玛德琳

工具 刷子，微波炉，电动搅拌器，饭勺，模具，烤箱

材料*2人份 低筋面粉90克，抹茶粉5克，泡打粉2克，盐少许，黄油60克，生奶油30克，牛奶10克，鸡蛋2个，细砂糖65克，煮好的红豆馅45克，涂模具的黄油少许

做法 1.将模具刷上黄油，把黄油、牛奶和生奶油用电动搅拌器拌匀，放到微波炉里加热1分钟。2.鸡蛋打散后加细砂糖、盐、低筋面粉、泡打粉、抹茶粉，快速搅拌。3.往步骤1的材料中加一勺步骤2的面团、红豆馅，倒进剩下的面团里拌匀。4.用饭勺把面团装到模具里，至六七分满，装好面团后，把它放到预热至170℃的烤箱里，烘烤15～20分钟。

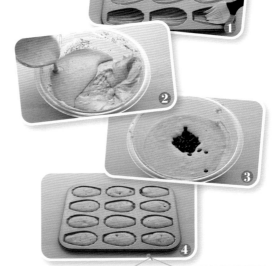

新手注意 黄奶油不宜过度加热，加热到其完全溶化即可；模具中装入面团的量不要过满，装有六七分满即可。

香蕉海绵蛋糕

工具 搅拌器，勺子，筛网，刀，凹型模具，烤箱

材料*2人份 香蕉40克，海绵蛋糕30克，蛋黄1个，配方奶粉15克。

做法 1.将香蕉装入碗中，用勺子按压成泥后，加入磨碎的蛋黄和配方奶粉用搅拌器混合匀。2.再用筛网将混合物过滤一下；海绵蛋糕用刀剁碎待用。3.将所有食材混合拌匀。4.在凹型模具里倒入拌好的食材饼，用勺子抹平（填充至八分满）。5.将烤箱调为上火170℃，下火180℃预热5分钟。6.将填充好的凹型模具放入预热好的烤箱烤10~15分钟取出。将蛋糕脱模之后装盘，放上装饰品即可。

新手注意 香蕉泥可以用苹果泥、梨子泥、猕猴桃泥等其他水果取代。如果没有海绵蛋糕，可以用吐司取代。

胡萝卜蛋糕

工具 刷子，菊花模具，切丝器，刀，电动搅拌器，筛网，烤箱

材料*4人份 鸡蛋3个，低筋面粉200克，泡打粉4克，肉桂粉3克，胡萝卜、核桃各50克，盐2克，细砂糖130克，黄油适量

做法 1.用刷子在菊花模具内部刷上黄奶油后，撒上低筋面粉；用切丝器将胡萝卜刨成细丝，核桃放入烤箱烤熟后，用刀切碎。2.将鸡蛋、细砂糖、盐、核桃、胡萝丝放入钢盆中，用电动搅拌器搅打均匀呈浓稠状。3.加入低筋面粉、泡打粉、肉桂粉过筛至钢盆中，轻轻搅拌至均匀柔软。4.将面糊倒入模型中，放入烤箱，调上下火为180℃，烤约20分钟取出，将胡萝卜蛋糕脱模之后装盘即可食用。

新手注意 鸡蛋从冰箱里拿出来后不要直接使用，最好是放置到常温再使用，冬天可以隔温水加热打发鸡蛋。

巧克力抹茶蛋糕

工具 裱花袋，电动搅拌器，长柄刮板，烘焙纸，蛋糕刀，烤箱

材料*5人份 水20毫升，色拉油55毫升，细砂糖128克，低筋面粉70克，玉米淀粉55克，泡打粉2克，蛋黄75克，抹茶粉15克，塔塔粉3克，蛋白175克，白巧克力液50克，黑巧克力液10克

做法 1.将除蛋白、细砂糖100克、塔塔粉、黑白巧克力液的材料全部拌匀至糊状成蛋黄部分；另取容器装剩余材料用电动搅拌器拌匀即成蛋白部分。2.蛋白部分分两次倒入蛋黄部分用长柄刮板拌匀。3.拌好的面糊倒在有烘焙纸的烤盘上，入烤箱，温度调上火180℃，下火160℃，烤15分钟。4.用蛋糕刀切块，将白巧克力液淋到蛋糕上，黑巧克力液入裱花袋挤到蛋糕上即可。

新手注意 在给蛋糕抹巧克力的时候，不要将巧克力抹得太厚，因为巧克力抹得太厚会影响蛋糕的口感。

海绵蛋糕

工具 电动搅拌器，裱花袋，长柄刮板，烘焙纸，剪刀，竹签，烤箱

材料*3人份 鸡蛋4个，低筋面粉125克，细砂糖112克，清水50毫升，色拉油37毫升，蛋糕油10克，蛋黄30克

做法 1.将鸡蛋、细砂糖、清水、低筋面粉、蛋糕油、色拉油装入容器中，用电动搅拌器拌成面糊。2.将面糊倒在铺有烘培纸的烤盘上，用长柄刮板抹匀；然后将蛋黄拌匀倒入裱花袋中，用剪刀将裱花袋尖端剪开。3.将面糊表面上淋上蛋黄液放到烤盘上，用竹签划上花纹，将烤盘放入烤箱中。4.把烤箱温度调成上火170℃，下火190℃，烤20分钟至熟，取出烤盘。5.将烤好的蛋糕切成四等份，再切成三角形即可。

新手注意 为了判断海绵蛋糕是否烤熟，可以用手在蛋糕上轻轻一按，若松手后蛋糕可复原，则表示蛋糕已烤熟。

奥地利北拉冠夫蛋糕

▌工具▐ 电动搅拌器，裱花袋，筛网，长柄刮板，蛋糕刀，抹刀，高温布，烤箱

▌材料*3人份▐ 低筋面粉95克，细砂糖60克，蛋白105克，蛋黄45克，糖粉少许，海绵蛋糕1个，打发的鲜奶油、杏仁片、黑巧克力液各适量

▌做法▐ 1.将蛋白加细砂糖，用电动搅拌器打发成蛋白部分；蛋黄加细砂糖，打发成蛋黄部分。2.将蛋白部分加入过筛的低筋面粉，分两次加到蛋黄部分，用长柄刮板拌成面糊，装入裱花袋中。3.在高温布上挤面糊，撒糖粉，调上下火160℃，放入烤盘，烤10分钟。4.手指饼干用蛋糕刀切两半，一端粘上黑巧克力液；蛋糕分两块，中间夹奶油，周边用抹刀抹上鲜奶油，挤上奶油花朵，放上手指饼干和杏仁片装饰。

新手注意 在奥地利北拉冠夫蛋糕表面挤奶油时挤压的力度一定要均匀，这样挤出的螺旋状花纹才会更美观。

蜂蜜海绵蛋糕

▌工具▐ 烘焙纸，长柄刮板，电动搅拌器，齿轮刀，烤箱

▌材料*4人份▐ 鸡蛋240克，蛋黄40克，细砂糖140克，盐2克，蜂蜜40毫升，水50毫升，高筋面粉125克

▌做法▐ 1.将水、细砂糖倒碗中，加入盐、蛋黄、鸡蛋、高筋面粉、蜂蜜，用电动搅拌器拌匀成浆。2.将蛋糕浆倒入垫有烘焙纸的烤盘上，并用长柄刮板抹平，烤箱温度调成上下火170℃进行预热。3.将烤盘放入烤箱中，烤20分钟至熟，取出。4.烤盘倒扣在烘焙纸上，拿走烤盘，撕去粘在蛋糕上的烘焙纸，将垫底烘焙纸盖到蛋糕上，将蛋糕翻面。5.用齿轮刀将蛋糕切成四方块装盘即可。

新手注意 新鲜的鸡蛋是制作海绵蛋糕的最重要的条件，因为新鲜的鸡蛋溶液稠度高，能打进气体保持气体性能稳定。

奶茶磅蛋糕

工具 奶锅，筛网，搅拌器，电动搅拌器，饭勺，磅蛋糕模具，烤箱

材料*3人份 软化的黄油100克，低筋面粉150克，泡打粉3克，盐少许，鸡蛋2个，黄糖60克，伯爵红茶包4个，水30毫升，生奶油30克，红茶甜酒1小匙，奶茶30毫升

做法 1.奶锅里加水，放入3个茶包，煮开后泡成浓茶。2.在泡好的茶里加生奶油，煮到快要起泡为止，泡得更浓后，用筛网把茶叶过滤掉。3.把软化的黄油用搅拌器打散后，加黄糖搅拌均匀，另外把鸡蛋打好，先后分三次倒入，一边倒一边用电动搅拌器拌匀。4.加红茶甜酒拌匀，倒入过了筛的低筋面粉、泡打粉和盐，把剩下的1个红茶包也拆开来倒进去。5.再倒30毫升泡好的奶茶，搅拌均匀。6.拌匀后装到磅蛋糕模具里，为了不让表面膨胀得太厉害，用饭勺扫出一个小坑后，放入预热到170~180℃的烤箱中，烘烤30~40分钟即可。

新手注意 没有茶包的话，把伯爵香味的茶叶磨成粉也可以。

香蕉蛋糕

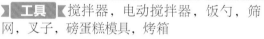

▶ **工具** ◀ 搅拌器，电动搅拌器，饭勺，筛网，叉子，磅蛋糕模具，烤箱

▶ **材料*4人份** ◀ 黄油100克，低筋面粉160克，泡打粉3克，烘焙苏打1克，盐少许，鸡蛋2个，黄糖60克，香蕉120克，生奶油25克，黑巧克力20克

▶ **做法** ◀ 1.用搅拌器把黄油打散后，加黄糖搅拌均匀。2.把打好的鸡蛋分2～3次倒进去，用电动搅拌器充分搅拌均匀。3.倒入过了筛的低筋面粉、泡打粉、烘焙苏打和盐，用饭勺搅拌均匀。4.在另一个搅拌碗里加香蕉，用叉子捣碎后，加生奶油拌匀。5.面粉搅拌得差不多的时候，把步骤4的食材倒进去搅拌均匀，把切成小块的黑巧克力倒进去，搅拌均匀成蛋糕浆。6.将蛋糕浆分别装到磅蛋糕模具里，放入预热到160～170℃的烤箱中，烘烤35～40分钟取出即可食用。

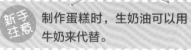

新手注意 制作蛋糕时，生奶油可以用牛奶来代替。

富士蛋糕

▶【工具】◀电动搅拌器，搅拌器，模具，裱花袋，剪刀，烤箱

▶材料*4人份◀鸡蛋7个，细砂糖180克，低筋面粉150克，高筋面粉80克，盐2克，奶香粉3克，泡打粉2克，蛋糕油17克，鲜奶70毫升，色拉油80克，黄油适量

▶【做法】◀1.把鸡蛋、细砂糖、盐一起倒入容器内，用电动搅拌器中速打至细砂糖完全溶化，呈现泡沫状。2.加入低筋面粉、高筋面粉、奶香粉、泡打粉、蛋糕油，先拌匀，快速搅打至原体积的2.5倍大。3.分次加入鲜奶、色拉油，用搅拌器搅拌均匀，成光亮的面糊，装入裱花袋中，用剪刀剪出一个小口，挤入抹了黄油的模具内，至八分满。4.将模具放入烤箱中，以150℃烘烤约25分钟，至完全熟透；从烤箱中取出模具，冷却后脱模即可。

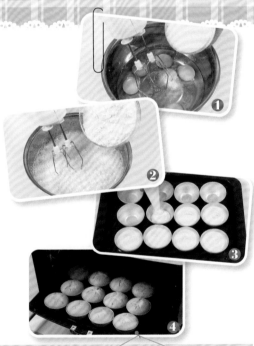

 新手注意 在烘烤蛋糕的时候，一定要控制好烤箱的温度，一般蛋糕烤至呈浅黄色即可。

翡翠蛋糕

▶ **工具** ◀ 电动搅拌器，刷子，长柄刮板，烤箱

▶ **材料*3人份** ◀ 鸡蛋5个，细砂糖150克，中筋面粉150克，泡打粉2克，蛋糕油12克，清水30毫升，色拉油80毫升，哈密瓜色香油少许

▶ **做法** ◀ 1.把鸡蛋、细砂糖倒在钢盆中，用电动搅拌器中速打至细砂糖完全溶化，并呈泡沫状。2.加入中筋面粉、泡打粉、蛋糕油打至原体积的2.5倍，再分次加入清水、色拉油用电动搅拌器搅拌成光亮的面糊。3.把哈密瓜色香油加少许的水，把颜色调浅，倒入面糊中用长柄刮板拌匀，倒入刷了油的模具内，至八分满。4.烤盘内加100克的清水，将模具放入烤盘中，烤盘入炉以上下火150℃烘烤，约烤30分钟，出炉脱模即可。

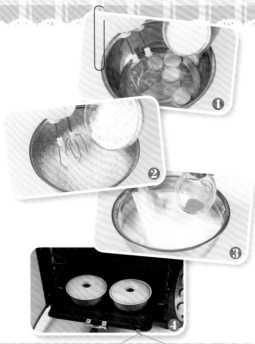

新手注意 哈密瓜色香油的调节要柔和些；鸡蛋和糖先用慢速搅打2分钟，再改用中速搅拌至蛋糖呈乳白色即可。

红茶海绵蛋糕

工具 电动搅拌器，模具，蛋糕刀，烤箱

材料*4人份 鸡蛋9个，细砂糖230克，色拉油70毫升，低筋面粉190克，红茶末10克，牛奶70毫升

做法 1.将鸡蛋、细砂糖倒入容器中，用电动搅拌器拌匀。2.红茶末倒入低筋面粉碗中，再将其倒入步骤1的容器中，拌匀。3.边倒入牛奶、色拉油边用电动搅拌器拌匀成蛋糕浆。4.将蛋糕浆倒入模具中，五分满即可，烤箱温度调成上下火170℃预热。5.将模具放入烤箱中，烤20分钟至熟，从烤箱中取出蛋糕。6.从底部轻轻将蛋糕往上推，是蛋糕与模具圈脱离，用蛋糕刀轻轻将蛋糕与模具底脱离，直接装盘即可。

红豆蛋糕

工具 电动搅拌器，烘焙纸，长柄刮板，刀，烤箱

材料*4人份 红豆粒60克，蛋白280克，细砂糖140克，玉米淀粉90克，色拉油100毫升

做法 1.将蛋白、细砂糖倒入容器中，用电动搅拌器快速打发至起泡。2.换另一个容器，倒入色拉油、玉米淀粉、适量蛋白部分，拌匀。3.将第2步的成品加入到剩下的蛋白部分，拌成浆。4.将红豆粒、蛋糕浆依次倒在垫有烘培纸的烤盘中，用长柄刮板抹平，放入烤箱。5.将烤箱温度调成上下火160℃，烤20分钟至熟，取出后撕去烘焙纸。6.盖上另一半的烘焙纸，将蛋糕翻面，用刀将蛋糕切成长宽条状，将蛋糕两两相合，直接装盘即可。

巧克力海绵蛋糕

【工具】 电动搅拌器，烘焙纸，齿轮刀，烤箱

【材料*3人份】 鸡蛋6个，细砂糖155克，低筋面粉125克，食粉2.5克，牛奶50毫升，色拉油28毫升，可可粉50克

【做法】 1.将鸡蛋、细砂糖倒入容器中，用电动搅拌器快速拌匀。2.将食粉、可可粉倒入低筋面粉中，再将其倒入步骤1的容器中，并加入牛奶、色拉油拌成蛋糕浆。3.将蛋糕浆倒入烤盘中，放入烤箱，将温度调成上下火170℃，烤20分钟至熟。4.将烤盘取出，倒扣在烘焙纸上，撕去粘在蛋糕上的烘焙纸。5.盖上另一半垫底的烘焙纸，将蛋糕翻面，用齿轮刀将蛋糕切成三角形状，切好的蛋糕直接装盘即可。

新手注意

若蛋糕浆装入烤盘的量过少，会降低蛋糕的松软性。

香草布丁蛋糕

【工具】 搅拌器，裱花袋，蛋糕模，烤箱

【材料*2人份】 鸡蛋5个，细砂糖130克，低筋面粉150克，玉米粉30克，香草粉3克，蛋糕油12克，鲜奶25毫升，水125毫升，色拉油70毫升，卡士达馅适量

【做法】 1.把鸡蛋、细砂糖用搅拌器搅拌至细砂糖完全溶化。2.加入低筋面粉、玉米粉、香草粉、蛋糕油，先慢后快，搅拌均匀，至原体积的3倍大，制成面糊。3.将鲜奶、25毫升水、适量的色拉油混合拌匀，再分次加到面糊中，拌匀。4.将拌好的面糊倒入刷了油的蛋糕模内至八分满。5.将卡士达馅装入裱花袋中，均匀挤在面糊表面，放入烤盘，并往烤盘内加100毫升的水，以150℃的炉温约烤25分钟至完全熟透，取出脱模即可。

新手注意

海绵蛋糕因其组织松软和易于成熟，一般依其形状来选择模具。

新手注意
在打发鸡蛋和细砂糖时，应先慢后快打发至发白浓稠。

 # 柳橙蛋糕

工具 电动搅拌器，筛网，刀，蛋糕模，烤箱

材料*5人份 酸奶100克，鸡蛋3个，细砂糖245克，低筋面粉60克，高筋面粉60克，泡打粉7克，橙皮15克，浓缩橙汁30毫升，溶化的黄油70克

做法 1.将鸡蛋和细砂糖倒入容器中，用电动搅拌器打发至浓稠，再分次倒入酸奶，打发均匀。2.用筛网将低筋面粉、高筋面粉、泡打粉过筛至容器中，打发匀。3.加入橙汁，打发均匀，用刀将橙皮削成丝，加进里面，打发匀。4.最后加入溶化的黄油，继续打发均匀，制成面糊。5.将拌好的面糊倒入蛋糕模内，至八分满。6.把蛋糕模放入烤箱内，温度调成上下火180℃烤35分钟，取出倒扣，冷却后脱模即可。

新手注意
在蛋糕烤至上色时，可以从蛋糕中间轻划一刀，外形更美观。

 # 提子蛋糕

工具 电动搅拌器，蛋糕模，烤箱

材料*5人份 鸡蛋5个，细砂糖112克，低筋面粉125克，盐1.5克，玉米粉15克，奶香粉1.5克，泡打粉1克，蛋糕油10克，鲜奶30克，清水30毫升，色拉油100毫升，提子干、黄油各适量

做法 1.将鸡蛋、细砂糖、盐倒入容器中，用电动搅拌器打发至细砂糖完全溶化。2.加入低筋面粉、玉米粉、奶香粉、泡打粉、蛋糕油，先慢后转快打发至原体积的3倍大。3.再分次加入鲜奶、清水、色拉油，继续打发均匀，制成面糊。4.在蛋糕模内抹上黄油，再倒入面糊，至八分满左右。5.表面撒入提子干，放入烤箱，以150℃烤约45分钟。6.从烤箱中取出蛋糕模，冷却后脱模即可。

布朗尼斯蛋糕

】工具【 电动搅拌器，刮板，烘焙纸，蛋糕刀，烤箱

】材料*2人份【 黄油液125克，细砂糖150克，低筋面粉50克，鸡蛋2个，泡打粉1克，食粉1克，可可粉10克，黑巧克力液25克，装饰用黑巧克力液适量

】做法【 1.将黄奶油、细砂糖倒入容器中，用电动搅拌器快速拌匀，加入鸡蛋快速拌匀。2.将粉状物倒入容器中，用电动搅拌器快速拌匀，加入黑巧克力液，拌匀成蛋糕浆。3.将蛋糕浆倒入铺有烘焙纸的烤盘中，用刮板抹平抹匀成形。4.将烤盘放入烤箱，调上火180℃，下火160℃，烤15分钟至热。5.将烤盘取出，撕去烘焙纸，用蛋糕刀切成小方块。6.将装饰用黑巧克力液倒在蛋糕上抹平即可。

新手注意

烘烤的温度对所烤蛋糕的质量影响很大，不宜过高也不宜过低。

熔岩蛋糕

】工具【 模具，电动搅拌器，刷子，筛网，烤箱

】材料*1人份【 黑巧克力70克，黄油50克，低筋面粉30克，细砂糖20克，鸡蛋1个，蛋黄1个，朗姆酒5毫升，糖粉适量

】做法【 1.用刷子在模具上刷一层黄油，倒入低筋面粉。2.将黑巧克力隔水煮至溶化，倒入黄油，至全部溶化即关火。3.将蛋黄、鸡蛋、细砂糖、朗姆酒、低筋面粉倒入碗中，用电动搅拌器拌匀后倒入巧克力黄油浆，制成蛋糕浆。4.倒入模具中，五分满即可。5.将模具调成上火180℃，下火200℃预热过的烤箱中，烤20分钟至熟。6.将烤盘拿出，蛋糕脱模之后装盘，用筛网过筛适量的糖粉到蛋糕上装饰即可。

新手注意

加热黑巧克力与黄油时，要不停搅拌，使之充分混合。

三明治蛋糕

▶ **工具** ◀ 搅拌机，电动搅拌器，筛网，烘焙纸，烤箱

▶ **材料*2人份** ◀ 鸡蛋3个，细砂糖55克，制饼用大米粉55克，黄油20克，糖粉20克，黑芝麻30克，生奶油140克

▶ **做法** ◀ 1.将黑芝麻用搅拌机稍稍磨一下。2.将鸡蛋、细砂糖、过筛好的大米粉、一半黑芝麻混匀后加入溶好的黄奶油和生奶油，拌匀。3.放入烤盘中，抹平后放到预热到170℃的烤箱，烘烤15分钟，取出冷却后，剥去烘焙纸。4.加生奶油和糖粉用电动搅拌器打至变黏稠后，加入剩下的黑芝麻，再打到80%～90%起泡就可以了。5.把冷却后的蛋糕分成两半，在烘烤过的底部涂上一点糖浆后，再把做好的芝麻奶油抹上去，另一半也涂上一些糖浆。6.把一半的蛋糕放在另一半上后，用烘焙纸包好，放到冷藏室里稍微冰一下，奶油稍微变硬了一些的时候，把蛋糕取出来，切成三明治的模样。

新手注意 在制作前，可先把烘焙纸按照烤盘的大小剪好铺上去。

奶油蛋糕

▶【**工具**】◀电动搅拌器，筛网，烘焙纸，长柄刮板，抹刀，蛋糕刀，烤箱

▶【**材料*2人份**】◀可可蛋糕底：鸡蛋3个，细砂糖55克，低筋面粉50克，可可粉15克，黄油15克，生奶油15克；填充用奶油：生奶油100克，细砂糖7克；糖浆：水20毫升，细砂糖10克；栗子奶油：板栗酱（栗子浆）130克，生奶油120克

▶【**做法**】◀1.将鸡蛋加细砂糖拌匀，用电动搅拌器打至起泡。2.加入过筛的低筋面粉、可可粉、黄油、生奶油15克，拌匀。3.将烤盘铺上烘焙纸后，倒入面糊，用长柄刮板把表面刮平整。之后再放入预热到170～180℃的烤箱里，烘焙大约15分钟，把烤好的蛋糕从烤盘上拿下，连烘焙纸一起冷却后，用刀切成想要的模样和大小。4.用抹刀将糖浆、生奶油100克依次涂在蛋糕上，放上另一片蛋糕，涂上糖浆、生奶油。5.生奶油加板栗酱拌成栗子奶油涂在蛋糕表面。6.冷藏30分钟取出即可。

新手注意 在制前，黄油和生奶油应一起稍微加热一下。

 # 维也纳蛋糕

▶工具◀ 裱花袋，烘焙纸，电动搅拌器，剪刀，蛋糕刀，烤箱

▶材料*3人份◀ 鸡蛋4个，蜂蜜20毫升，低筋面粉100克，细砂糖170克，奶粉10克，朗姆酒10毫升，黑、白巧克力液各适量

▶做法◀ 1.将鸡蛋、细砂糖倒入容器中，用电动搅拌器拌匀。2.将奶粉倒入低筋面粉中混合，混合物倒入蛋液、朗姆酒、蜂蜜，用电动搅拌器拌成蛋糕浆。3.将蛋糕浆倒入垫有烘焙纸的烤盘中，再将烤盘放入上下火170℃预热过的烤箱中，烤20分钟至熟。4.将黑、白巧克力液分别装入裱花袋中，用剪刀剪出小块，在蛋糕上斜向划上条纹巧克力。5.待巧克力凝固之后，将蛋糕切成长宽条状，装盘即可。

新手注意 蛋糕依据打发的膨松度和蛋糖面粉的比例不同而不同，一般蛋糕浆以填充烤盘的七八成满为宜。

 # 红豆芝士蛋糕

▶工具◀ 电动搅拌器，烘焙纸，长柄刮板，筛网，蛋糕刀，烤箱

▶材料*3人份◀ 芝士250克，鸡蛋3个，细砂糖20克，酸奶75毫升，黄油25克，红豆粒80克，低筋面粉20克，糖粉适量

▶做法◀ 1.芝士隔水软化后用电动搅拌器拌匀。2.将细砂糖、黄油、鸡蛋、低筋面粉、酸奶、红豆粒分别加入到容器中拌匀成面糊。3.将面糊倒在烤盘中，用长柄刮板抹平。4.放入上下火180℃预热过的烤箱，烤15分钟至熟。5.将烤盘倒扣在操作台的烘焙纸上，撕去蛋糕上粘的烘焙纸，蛋糕翻面，用刀将蛋糕边缘切除。6.将蛋糕切成长约4厘米，宽约2厘米的块状，装盘，在上面过筛适量的糖粉即可。

新手注意 烘烤时间应依据制品的大小和厚薄来进行决定，同时可依据配方中糖的含量灵活进行调节。

坚果巧克力蛋糕

【工具】 长柄刮板，电动搅拌器，裱花袋，剪刀，纸杯，筛网，烤箱

【材料*3人份】 黄油225克，花生碎适量，可可粉25克，低筋面粉137克，糖粉275克，泡打粉5克，鸡蛋5个，黑巧克力适量，糖粉适量

【做法】 1.将溶化的黄油倒入碗中，加入溶化的黑巧克力液，用长柄刮板搅拌均匀。2.放入糖粉、鸡蛋，用电动搅拌器打发均匀，倒低筋面粉、可可粉、泡打粉，搅拌均匀。3.加入花生碎，打发片刻，制成面糊，倒入裱花袋中，裱花袋尖端部位用剪刀剪开。4.把纸杯放入烤盘，往纸杯内挤入面糊，至六分满。5.放入烤箱中，温度调为上下火190℃，烤20分钟。6.取出烤盘，糖粉过筛至蛋糕上，取出蛋糕即可。

新手注意 如果蛋糕烤制温度太高，则蛋糕顶部隆起，中央部分容易裂开，四边向里收缩，糕体较硬，口感不佳。

格格蛋糕

【工具】 电动搅拌器，烘焙纸，刀，烤箱

【材料*4人份】 细砂糖112克，鸡蛋5个，色拉油45毫升，水42毫升，蛋糕油5克，蜂蜜12.5克，牛奶39毫升，奶粉5克，泡打粉2克，中筋面粉170克

【做法】 1.将鸡蛋、细砂糖用电动搅拌器打发均匀，放入中筋面粉、奶粉、泡打粉，搅拌均匀。加入蛋糕油、蜂蜜，打发均匀，再边打发边倒入水，边打发边倒入牛奶。边打发边倒入色拉油，继续打发均匀，制成面糊。2.将面糊倒在垫有烘焙纸的烤盘上，抹匀后放入上下火170℃的烤箱，烤20分钟。3.用刀在蛋糕上依次轻轻地切一下，两侧切平整，再对半切开，取其中一半，再切成三等份，最后装盘即可。

新手注意 出炉前，鉴别蛋糕成熟与否，用手在蛋糕上轻轻一按，松手后可复原，表示已烤熟，反之则表示还没有烤熟。

新手注意
为了保持制品的新鲜度，可将蛋糕放在2~10℃的冰箱里冷藏。

瑞士松糕

】工具【 电动搅拌器，裱花袋，剪刀，纸杯，烤箱

】材料*3人份【 可可粉38克，水70毫升，泡打粉15克，糖粉250克，鸡蛋3个，盐3克，黄油270克，高筋面粉15克，食粉7克，低筋面粉250克，杏仁适量

】做法【 1.将黄油、糖粉倒入碗中，用电动搅拌器打发均匀，鸡蛋分三次加入并打发均匀。 2.加低筋面粉、泡打粉、食粉、盐、高筋面粉、可可粉、水，打成面糊，倒入裱花袋中。3.将纸杯放入烤盘中，用剪刀在裱花袋尖端剪开小口，往纸杯内挤入面糊，至七分满放入杏仁。4.烤盘放入烤箱，烤箱温度调成上下火170℃，烤20分钟，取出烤盘，将烤好的蛋糕装盘即可。

新手注意
在制作蛋糕浆时可以添加适量的柠檬汁，丰富蛋糕的味道。

英式红茶奶酪

】工具【 电动搅拌器，烘焙纸，长柄刮板，蛋糕刀，烤箱

】材料*5人份【 鸡蛋5个，细砂糖75克，黄油75克，蛋糕油9克，低筋面粉A115克，牛奶60毫升，水75毫升，泡打粉8克，红茶末12克，低筋面粉B150克，葡萄干适量，打发鲜奶油适量

】做法【 1.将鸡蛋、细砂糖倒入容器中，用电动搅拌器拌匀，加黄油、低筋面粉A、蛋糕油、泡打粉拌匀，再边加牛奶边拌匀；将低筋面粉B、红茶末、葡萄干、水混合拌匀。2.将A、B两种拌匀的蛋糕浆倒在垫有烘焙纸的烤盘上，用长柄刮板抹平，放入上下火170℃预热过的烤箱中，烤15~20分钟。3.取出蛋糕用蛋糕刀切成三条。4.三条蛋糕间抹上奶油，再将其切成两块即可。

绿野仙踪

▌工具▐ 电动搅拌器，长柄刮板，烘焙纸，蛋糕刀，烤箱

▌材料*2人份▐ 鸡蛋4个，蛋糕油8克，泡打粉2克，盐1克，低筋面粉90克，黄油25克，牛奶50毫升，抹茶粉5克，细砂糖80克，白巧克力液适量

▌做法▐ 1.将鸡蛋、细砂糖、盐、低筋面粉、蛋糕油、泡打粉、牛奶、黄油倒入容器中，用电动搅拌器拌成浆。2.将一半浆倒入另一个容器，加入抹茶粉，用长柄刮板拌匀，另一个加入白巧克力液，同样用长柄刮板拌匀。3.将一张叠好中间拱起的烘焙纸垫在烤盘上，两种浆分别倒入烤盘两边。4.放入上火180℃，下火160℃的烤箱，烤20分钟至熟。5.将蛋糕叠起来用蛋糕刀切成条状即可。

新手注意

蛋糕原料经调搅均匀后，一般应立即灌入烤盘进入烤箱中烘烤。

双色纸杯蛋糕

▌工具▐ 电动搅拌器，长柄刮板，2个裱花袋，剪刀，蛋糕杯，烤箱

▌材料*5人份▐ 鸡蛋5个，细砂糖175克，低筋面粉200克，盐4克，蛋糕油10克，黄油125克，牛奶香粉2克，可可粉5克，杏仁片适量

▌做法▐ 1.将鸡蛋、细砂糖倒入容器中，用电动搅拌器打发匀，加入黄油，快速打发匀。加入低筋面粉、蛋糕油、盐、牛奶香粉，用电动搅拌器打发匀成蛋糕浆。2.将浆倒一半至另一个碗中，在其中一半中加入可可粉，快速搅拌均匀，用长柄刮板将其搅拌匀，并装入裱花袋中。3.将两个裱花袋剪开后一起挤入蛋糕杯中，撒上杏仁片。4.将烤盘放入上下火170℃的烤箱中，烤15～20分钟至熟，取出蛋糕即可。

新手注意

制作蛋糕的面粉常选择低筋面粉，其粉质要细，面筋要软。

慕斯蛋糕

喜欢慕斯蛋糕，只因那雪花般蓬松的口感。初尝时，会想起初恋的青涩，再细致品尝便会喜欢上这种酸酸甜甜的感觉。它是蛋糕世界里的极品，给大师们更大的创造空间，通过成品展示出他们内心的生活世界和艺术灵感。

🧁 芝士巧克力慕斯

▶ 工具 ◀ 小酥棍，心形模具，搅拌器，保鲜袋

▶ 材料*2人份 ◀ 去掉夹心后的奥利奥曲奇35克，溶化的黄油10克，慕斯黑巧克力60克，芝士60克，生奶油100克，巧克力利口酒3毫升，牛奶10毫升，糖稀2克，黑巧克力18克

▶ 做法 ◀ 1.将奥利奥装到保鲜袋里，用小酥棍擀碎，加入溶化的黄油拌匀，装到心形模具里，用力压稳，放到冷藏室里冷藏。 2.黑巧克力溶化成液加入打散的芝士、巧克力利口酒，用搅拌器搅拌均匀。 3.将生奶油分两次加进步骤2中，拌匀；心形模具里填满慕斯，冷藏45分钟。 4.将牛奶、糖稀、黑巧克力拌成糖衣，涂在蛋糕表面后将其冷藏即可。

新手注意 在制作奶油巧克力慕斯时，事先先把巧克力用刀切成小块，可以加快巧克力的溶化。

草莓慕斯蛋糕

【工具】 小刀，勺子，奶锅，方形压模，慕斯模，火枪

【材料*2人份】 牛奶150毫升，蛋黄30克，吉利丁片1片，细砂糖30克，打发动物性鲜奶油250克，原味戚风蛋糕1个（做法详见P106），草莓适量

【做法】 1.将吉利丁片用清水泡4分钟至软捞出备用。2.草莓洗净用小刀对半切开。3.牛奶用奶锅煮开加入细砂糖用勺子拌匀，加入吉利丁片拌溶化之后放凉。4.加入蛋黄拌匀，加入鲜奶油拌匀成慕斯料。5.将蛋糕平切成薄片，用方形压模压出蛋糕片，蛋糕片放入慕斯模中，将切好的草莓切面贴着慕斯模放好，倒入慕斯料，放上蛋糕片，放冰箱冷藏2小时。6.用火枪喷射模具的周围30秒，即可脱模，放上草莓装饰。

新手注意 慕斯料入模后把模具往桌子上轻摔一下，震平，通过震动来起到消泡的作用，这样慕斯会比较平滑没有气泡。

巧克力慕斯蛋糕

【工具】 搅拌器，慕斯模，勺子，奶锅

【材料*2人份】 鲜奶60毫升，蛋黄30克，吉利丁片1片，细砂糖30克，水18毫升，打发鲜奶油125克，抹茶味饼干适量，苦甜巧克力100克，动物性鲜奶油100克，核桃适量

【做法】 1.将热水中加入蛋黄、细砂糖，用搅拌器拌匀。2.另拿个奶锅，将鲜奶煮开后加入吉利丁片煮至溶化。3.将步骤2倒入步骤1中，再加入巧克力液、打发鲜奶油拌匀成慕斯浆。4.将饼干用勺子压碎；将饼干碎与慕斯浆依次交替加入模具中，放饼干时要用勺子压结实，形成3层，放入冰箱冷藏4小时、冷冻2小时取出。5.将苦甜巧克力与动物鲜奶油煮匀成巧克力淋浆，淋到蛋糕上，放上核桃装饰即可。

新手注意 冷藏保存的时候，应该用密封盒或保鲜膜密封，以防止蛋糕体变干燥及冰箱异味渗入蛋糕体内。

圆柱慕斯蛋糕

〉【工具】〈 搅拌器，奶锅，慕斯模，裱花袋，剪刀，抹刀，牙签

〉【材料*2人份】〈 鲜奶150克，蛋黄30克，吉利丁片1片，细砂糖30克，打发鲜奶油250克，巧克力饼干、白巧克力液、黑巧克力液各适量，蛋糕体1个，樱桃少许

〉【做法】〈 1.将吉利丁片用清水泡4分钟至软。2.将鲜奶倒入奶锅中煮开，加入细砂糖、吉利丁片用搅拌器拌至溶化，放凉待用。3.加入蛋黄、鲜奶拌匀成慕斯料。4.将蛋糕体放入慕斯模中倒入慕斯料，放上巧克力饼干，放冰箱冷藏2小时取出。5.淋上白巧克力液，用抹刀将糕体抹上奶油，将黑巧克力液装入裱花袋中，剪开一个小口，在上面画个圆圈，用牙签往内画出花纹，最后放上樱桃装饰即可。

草莓奶油慕斯蛋糕

〉【工具】〈 蛋糕刀，圆形模具，三角铁板，平盘

〉【材料*4人份】〈 草莓150克，吉利丁片2片，牛奶250毫升，朗姆酒5毫升，打发鲜奶油250克，细砂糖25克，原味戚风蛋糕1个（做法详见P106）

〉【做法】〈 1.将原味戚风蛋糕用蛋糕刀平切成块，在圆形模具下垫上一块平盘，再放一块蛋糕；然后将草莓对半切开，放在模具边缘。2.锅置于火上，倒入牛奶、细砂糖拌匀，吉利丁片泡软入锅拌匀；将煮好的牛奶倒入装有打发鲜奶油的、朗姆酒的碗中拌匀，制成慕斯酱。3.将一半的慕斯酱倒入做好的蛋糕底的模具中，用三角铁板抹匀，放上另一块蛋糕，再倒入剩余的慕斯酱抹平，放入冰箱冷藏2小时后取出脱模即可。

提子慕斯蛋糕

工具 蛋糕刀，心形模具，三角铁板，裱花袋，奶锅，保鲜膜

材料*4人份 吉利丁片2片，牛奶、打发鲜奶油各250克，朗姆酒5毫升，黑巧克力液10克，细砂糖25克，提子、巧克力片各适量，原味戚风蛋糕1个（做法详见P106）

做法 1.用蛋糕刀将戚风蛋糕切片，用心形模具压出形状，将模具放在保鲜膜上包好边缘放盘，蛋糕入模具，沿边缘摆上提子。2.牛奶、细砂糖、泡软的吉利丁片入奶锅加热拌匀，倒入装有打发鲜奶油、朗姆酒的碗中拌匀，成慕斯酱。3.将一半慕斯酱倒入做好蛋糕底的心形模具中，用三角铁板抹匀，放上另一块蛋糕，再倒慕斯酱，抹平，入冰箱冷藏2小时后取出脱模，用裱花袋将黑巧克力液淋在蛋糕上，摆上巧克力片。

新手注意

提子的表层水分应尽量擦干再放入蛋糕中，可使蛋糕保存更久。

黑米慕斯蛋糕

工具 裱花袋，保鲜膜，蛋糕刀，抹刀，模具，刷子

材料*4人份 黑米50克，牛奶400毫升，细砂糖60克，淡奶油65克，吉利丁片1片，打发淡奶油200克，菠萝丁适量，原味戚风蛋糕1个（做法详见P106），水果、巧克力配件、果仁、镜面果膏各适量

做法 1.把黑米、牛奶、糖、淡奶油拌匀，煮至黑米软化。2.加入吉利丁片、菠萝丁。3.将步骤2分次加入打发淡奶油中拌匀，入裱花袋。4.用保鲜膜将慕斯模底部封好，用蛋糕刀将戚风蛋糕切薄片后入模具，将步骤3中的慕斯馅挤入模具内，用抹刀抹平。5.放入冰箱冷冻2个小时后取出，脱模。6.放上水果等装饰，再刷上镜面果膏即可。

新手注意

黑米较难煮熟，要提前煮熟再和牛奶、糖一起煮至浓稠。

草莓果酱慕斯蛋糕

▌**工具**▌慕斯圈，保鲜膜，托盘，抹刀，火枪，刷子

▌**材料*3人份**▌草莓果酱125克，蛋黄15克，鲜奶75毫升，细砂糖15克，吉利丁片1片，打发淡奶油125克，樱桃酒5毫升，原味戚风蛋糕1个（做法详见P106），水果、巧克力配饰、透明果胶各适量

▌**做法**▌1.锅中放入蛋黄、细砂糖拌匀，加入鲜奶拌匀，再隔热水搅煮至浓稠。 2.将吉利丁片、草莓果酱加入步骤1中拌至溶化，再分次加到打发的淡奶油中搅拌均匀，再加入樱桃酒，拌匀成蛋糕浆。3.取6寸慕斯圈印一片原味戚风蛋糕，将6寸慕斯圈用保鲜膜封好，放在托盘上，将步骤2倒入，并用抹刀抹平，用保鲜膜封住，放入冰箱冷冻2个小时。4.用火枪喷射模具周围，将慕斯蛋糕脱模，在慕斯表面摆上水果、巧克力配件装饰，再刷上透明果胶即可。

新手注意 在溶化吉利丁片时，应该先将吉利丁片泡软，再将泡软的吉利丁片隔水溶化，效果很不错。

柳橙慕斯蛋糕

▶ **工具** ◀ 慕斯圈，蛋糕刀，保鲜膜，托盘，抹刀

▶ **材料*2人份** ◀ 打发淡奶油165克，细砂糖35克，浓缩橙汁15克，柳橙屑20克，牛奶65毫升，吉利丁片1片，君度酒5毫升、香橙果膏、橙片、巧克力圈、干果、巧克力棒、巧克力旋条各适量，原味戚风蛋糕1个（做法详见P106）

▶ **做法** ◀ 1.将细砂糖、柳橙屑和牛奶一起加热放凉，加吉利丁片、浓缩橙汁，拌匀。2.加入淡奶油、君度酒，拌成慕斯馅。3.将原味戚风蛋糕用蛋糕刀切成薄片，取6寸慕斯圈印一片原味戚风蛋糕片，将慕斯圈用保鲜膜封好底部，放入蛋糕片，再放在托盘上，挤入慕斯馅用抹刀抹平，放入冰箱冷冻至凝固，将冻好的慕斯蛋糕表面抹上香橙果膏，脱模。4.在慕斯蛋糕表面放上巧克力圈和橙片装饰，再放上巧克力旋条、巧克力棒和干果即可。

新手注意 吉利丁片要先用冰水泡软，再将其吸干水分后备用；鲜奶油怕热，若把热的液体倒入，会很快化掉。

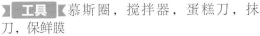

抹茶慕斯

▶ **工具** ◀ 慕斯圈，搅拌器，蛋糕刀，抹刀，保鲜膜

▶ **材料*2人份** ◀ 牛奶80毫升，抹茶粉5克，蛋黄28克，细砂糖38克，吉利丁片5克，淡奶油100克（打发），炼奶75克，红豆75克，新鲜水果、透明果胶、巧克力配件各适量，原味戚风蛋糕1个（做法详见P106）

▶ **做法** ◀ 1.将蛋黄、细砂糖、抹茶粉2克、牛奶放入盘中拌匀，再隔热水，快速搅拌煮至浓稠。2.加入吉利丁片、炼奶、淡奶油，拌匀。3.加入熟红豆，拌匀即可慕斯馅料。用蛋糕刀将戚风蛋糕平切成薄片，用20厘米慕斯圈印一片原味戚风蛋糕片备用。4.用保鲜膜将慕斯圈底包好，放入蛋糕片，倒入慕斯馅，用抹刀抹平，放入冰箱冷冻凝固。5.抹茶粉3克与少许水调匀成抹茶酱。在冻好的慕斯表面抹好透明果胶，再抹上抹茶酱。6.脱模后在慕斯蛋糕表面摆上新鲜水果及巧克力配件，最后扫上透明果胶即可。

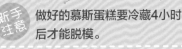

新手注意 做好的慕斯蛋糕要冷藏4小时后才能脱模。

蓝莓慕斯

▶ **工具** ◀ 慕斯圈，搅拌器，蛋糕刀，保鲜膜，长柄刮板，火枪

▶ **材料*2人份** ◀ 蓝莓果酱113克，蛋黄15克，细砂糖18克，牛奶63毫升，吉利丁片1片，淡奶油125克（打发），柠檬汁4毫升，君度酒5毫升，原味戚风蛋糕1个（做法详见P106），水果、白巧克力片、巧克力配件各适量

▶ **做法** ◀ 1.蛋黄、细砂糖、牛奶放入盘中，再隔热水用搅拌器快速搅拌，煮至浓稠，加入用冰水泡软的吉利丁片，拌至溶化。2.加入蓝莓果酱，再分次加入打发的淡奶油中，拌匀，加入柠檬汁，拌匀，再加入君度酒，拌匀。3.用蛋糕刀将原味戚风蛋糕平切成薄片，用6寸慕斯圈印一片原味戚风蛋糕体。4.用保鲜膜将慕斯圈底封好，放上蛋糕片，倒入慕斯馅，用长柄刮板抹平，用保鲜膜封好，冻至凝固。5.用火枪加热慕斯圈边缘脱模，在慕斯蛋糕坯的侧面贴上白巧克力片。6.在慕斯蛋糕表面摆上水果、巧克力配件等装饰即可。

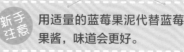

新手注意 用适量的蓝莓果泥代替蓝莓果酱，味道会更好。

香橙玉桂慕斯蛋糕

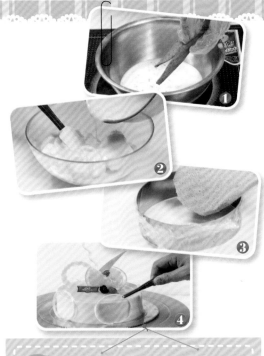

▶【工具】◀ 筛网，裱花袋，保鲜膜，模具，刷子，蛋糕刀

▶【材料*2人份】◀ 牛奶150毫升，肉桂棒2根，橙皮1个，细砂糖50克，蛋黄50克，吉利丁片1片，打发淡奶油150克，君度酒5毫升，水果、透明果胶各、香橙果胶、巧克力圈、巧克力配件各适量，原味戚风蛋糕1个（做法详见P106）

▶【做法】◀ 1.牛奶、肉桂棒、橙皮一起煮沸，关火焖10分钟后再过筛取出肉桂棒和橙皮。2.将蛋黄、细砂糖拌匀，放入步骤1拌匀，再隔水煮至浓稠，加入泡软的吉利丁片拌至溶化，分次加入打发的淡奶油中拌匀，加入君度酒拌匀，装入裱花袋备用。3.用蛋糕刀将原味戚风蛋糕切成薄片，用模具压出圆形，放入模具内，步骤2中的慕斯馅挤入模具内抹平，冻至凝固，抹上香橙果胶后脱模。4.在慕斯上摆放水果并刷上透明果胶、巧克力配件，侧边贴上巧克力圈即可。

新手注意 橙皮和肉桂相结合，能够让蛋糕的味道更加浓郁；吉利丁片可用吉利丁粉来代替，凝固力也相当不错。

咖啡慕斯蛋糕

▶ 【工具】 搅拌器，裱花袋，模具，保鲜膜，刷子，抹刀

▶ 【材料*2人份】 蛋黄35克，细砂糖65克，乳酪125克，吉利丁片1片，打发淡奶油125克，咖啡酒8毫升，咖啡粉5克，水50毫升，原味蛋糕体1个（做法详见P106），手指饼、可可粉、巧克力配件各适量

▶ 【做法】 1.将咖啡粉、细砂糖、水拌匀煮沸，冷却后加咖啡酒用搅拌器拌匀成咖啡糖浆。2.将细砂糖水冲入蛋黄中，拌至发白浓稠，再分次倒入溶化的乳酪中，加入溶化的吉利丁拌匀，分次加入打发淡奶油、咖啡酒拌匀，装入裱花袋，成慕斯酱。3.用保鲜膜将模具底封好，将蛋糕体切成薄片，用模具印一片蛋糕体，放入模具内。挤入一半慕斯馅，放入刷有咖啡糖浆的手指饼，挤入剩余慕斯馅抹平。4.放入冰箱冷冻至凝固脱模，在慕斯表面筛上可可粉，放上巧克力配件即可。

新手注意 手指饼也可用原味海绵蛋糕代替；蛋黄糊与淡奶油混前，一定要凉后再混合，因为淡奶油遇热会化掉。

戚风蛋糕

在你累的时候，从背包里取出一块戚风蛋糕，轻轻地咬上一口，那绵软的口感，尽在不言中，给随时疲惫的你送上一份温暖，再淋上各种酱汁，或与醇香的巧克力、新鲜的水果搭配，吃起来更加美味可口，余味袅袅。

核桃戚风蛋糕

▶【工具】◀ 筛网，搅拌器，长柄刮板，模具，烤箱

▶【材料*2人份】◀ 鸡蛋2个，枫糖浆30克，细砂糖25克，葡萄籽油20克，水30毫升，低筋面粉50克，泡打粉3克，盐少许，核桃30克

▶【做法】◀ 1.将低筋面粉和盐过筛2~3次备用；核桃切小块；搅拌碗里加入分离好的蛋白，用搅拌器打好后，加入一半细砂糖拌匀，把泡打到能很好地黏住搅拌器为止。2.蛋黄加剩余的糖拌至变灰，倒入枫糖浆、葡萄籽油、水，拌匀。3.再加入过筛的低筋面粉、泡打粉、盐、核桃、1/3蛋白，用长柄刮板拌匀。4.将面糊装入模具，放到预热至170℃的烤箱里，烤35分钟后脱模。

新手注意 在制作蛋糕的过程中，打发好的蛋白要放到冷藏室里冷藏，而蛋黄则要放到室温下储存。

巧克力戚风蛋糕

【工具】 筛网，电动搅拌器，蛋糕模，烤箱

【材料*2人份】 色拉油、可可粉、蛋黄、鲜奶、低筋面粉、小苏打粉、蛋白、柠檬汁、盐、细砂糖各适量

【做法】 1.将色拉油加热至滚，加可可粉拌匀，用隔水加热的方式将蛋黄、细砂糖、鲜奶、盐拌匀，煮至细砂糖溶解，待凉，加色拉油及用筛网过筛好的低筋面粉和小苏打粉拌匀。2.将蛋白放入钢盆中，用电动搅拌器打至起泡，加入柠檬汁，分2次加入细砂糖，续打至八分发。3.将蛋白糊分次加入做好的面糊中，拌匀，再装入蛋糕模内至八分满，放入烤箱中，调上火180℃，下火170℃，烤20分钟即可取出，待冷却后脱模即可食用。

新手注意 不能使用防粘的蛋糕模，也不能在模具周围涂油，因戚风蛋糕需依靠模壁的附着力而膨胀，否则蛋糕会干瘪。

杏仁戚风蛋糕

【工具】 电动搅拌器，烘焙纸，抹刀，蛋糕刀，烤箱

【材料*4人份】 清水100毫升，色拉油85毫升，低筋面粉162克，玉米淀粉25克，奶香粉2克，蛋黄125克，蛋白325克，塔塔粉4克，细砂糖188克，杏仁片、柠檬果膏各适量

【做法】 1.把清水、色拉油、低筋面粉、玉米淀粉、奶香粉、蛋黄拌成面糊。2.把蛋白、细砂糖、塔塔粉混合，用电动搅拌器打至鸡尾状，分次加入步骤1的面糊中拌匀。3.将面糊倒在有烘焙纸的烤盘上，用抹刀抹匀后撒上杏仁片。4.放入烤箱，调成上下温度为170℃，烤30分钟至熟。5.凉透后取走烘焙纸。6.在表面抹上柠檬果膏，卷起，静置30分钟以上，用蛋糕切成小块即可。

新手注意 杏仁易着色，要掌控好炉温；制作戚风蛋糕不能使用黄油，因为只有植物油才能创造出戚风蛋糕柔润的质地。

红豆戚风蛋糕

工具 电动搅拌器，搅拌器，筛网，蛋糕刀，烘焙纸，刷子，烤箱

材料*3人份 植物鲜奶油、红豆粒、透明果胶、椰丝各适量，蛋黄75克，清水70毫升，细砂糖125克，低筋面粉70克，玉米淀粉55克，泡打粉2克，色拉油55毫升，蛋白175克，塔塔粉3克

做法 1.将蛋黄、色拉油倒入碗中，用搅拌器拌匀，将过筛好的低筋面粉、玉米淀粉、泡打粉与清水、细砂糖28克加入碗中拌匀；将蛋白、细砂糖97克、塔塔粉入碗，用电动搅拌器打发至鸡尾状。2.倒入垫有烘焙纸并撒有红豆的烤盘上，入上火180℃、下火160℃的烤箱，烤20分钟至熟。3.取出刷上植物鲜奶油，卷成蛋卷，用蛋糕刀切段，刷上透明果胶，粘上椰丝即可。

原味戚风蛋糕

工具 长柄刮板，筛网，电动搅拌器，模具，小刀，烘焙纸，烤箱

材料*3人份 蛋黄60克，低筋面粉70克，玉米淀粉55克，泡打粉5克，清水70毫升，色拉油55毫升，细砂糖125克，蛋白120克

做法 1.用筛网将低筋面粉、玉米淀粉、泡打粉2克过筛至装有蛋黄的玻璃碗中，加清水、色拉油、细砂糖28克用电动搅拌器打发；将蛋白、细砂糖97克、泡打粉3克，打发至鸡尾状。再将二者混匀，制成面糊。2.用长柄刮板将面糊倒入模具中，放入烤箱，调上火180℃、下火160℃，烤25分钟。3.取出烤盘，在操作台上铺一张烘焙纸，用小刀沿着模具边缘刮一圈，再倒在烘焙纸上，去除模具的底部即可。

可可戚风蛋糕

工具 电动搅拌器，搅拌器，三角铁板，蛋糕刀，烘焙纸，烤箱

材料*3人份 打发的鲜奶油40克，细砂糖125克，蛋白105克，塔塔粉2克，蛋黄45克，色拉油30毫升，低筋面粉60克，玉米淀粉50克，泡打粉2克，清水30毫升，可可粉15克

做法 1.将清水、细砂糖30克、低筋面粉、玉米淀粉用搅拌器搅拌匀，倒入色拉油、塔塔粉、可可粉、蛋黄拌成糊状。将蛋白、细砂糖95克、泡打粉倒入容器中，快速打发至鸡尾状。将两部分材料用长柄刮板混合均匀成蛋糕浆。2.把蛋糕浆放入烤盘，入上火180℃、下火160℃的烤箱，烤20分钟至熟。3.去除烘焙纸，用三角铁板抹上鲜奶油，把蛋糕卷成圆筒状用刀切段，装盘即可。

新手注意 蛋糊中加入粉类拌匀时要用慢速，否则易起筋和消泡。

肉松小蛋糕

工具 筛网，裱花袋，电动搅拌器，长柄刮板，搅拌器，刷子，烤箱

材料*4人份 肉松30克，沙拉酱适量，蛋黄60克，低筋面粉70克，玉米淀粉55克，泡打粉5克，清水70毫升，色拉油55毫升，细砂糖125克，蛋白120克

做法 1.用筛网将低筋面粉、玉米淀粉、泡打粉2克过筛装入一个容器内，加蛋黄、清水、色拉油、细砂糖28克用搅拌器拌匀；将蛋白、细砂糖97克、泡打粉3克倒入碗中，用电动搅拌器打发至鸡尾状。用长柄刮板将两部分拌匀，装入裱花袋中。2.在烤盘上挤入六等份的面糊，放入上火180℃、下火160℃的烤箱中，烤15分钟至呈金黄色。3.将其对半切开，二者间用刷子刷上适量沙拉酱，粘上肉松装盘即可。

新手注意 在粘肉松时，若是不想制作沙拉酱，也可以将沙拉酱换成蜂蜜。

巧克力蛋糕

▶ **工具** ◀搅拌器，圆形模具，圆形花嘴，裱花袋，奶锅，烤箱

▶ **材料*1人份** ◀黑巧克力65克，黄油35克，生奶油50克，蛋黄60克，细砂糖40克，可可粉20克，低筋面粉15克，焦糖奶油30克，核桃4颗，装饰用生奶油适量，冷的蛋白50克，银珠子少许

▶ **做法** ◀1.往奶锅里加生奶油和黄油煮开后，加黑巧克力，用搅拌器搅拌均匀至黑巧克力溶化为止；把冷的蛋白装到碗里，加细砂糖20克打发，做成厚实的蛋白。2.蛋黄加细砂糖20克拌至灰色，倒入黑巧克力、低筋面粉和可可粉，拌匀。3.把蛋白分3次倒入蛋黄中拌成面团，装入模具内，放入核桃、焦糖奶油。4.放入预热到160～170℃的烤箱烤30分钟，取出；将装饰用生奶油装入有花嘴的裱花袋中，在蛋糕表面挤上圆球状的奶油，撒上银珠子装饰。

新手注意 不用圆形模具，而用松饼模具或方形纸模烘焙并冷却后，在上面撒上糖粉来做装饰物也是很漂亮的。

迷你蛋糕

▶ **工具** ◀ 搅拌器，电动搅拌器，长柄刮板，裱花袋，剪刀，蛋糕纸杯，烤箱

▶ **材料*3人份** ◀ 蛋白部分：蛋白140克，塔塔粉3克，细砂糖110克；蛋黄部分：低筋面粉70克，玉米淀粉55克，蛋黄60克，色拉油55毫升，水20毫升，泡打粉2克，细砂糖30克

▶ **做法** ◀ 1.将蛋黄、细砂糖、色拉油、水、玉米淀粉、低筋面粉、泡打粉倒入容器中，用搅拌器搅成糊状。2.用电动搅拌器将蛋白打发至白色，分两次倒入细砂糖、塔塔粉，继续打发至呈鸡尾状。3.将部分蛋白用长柄刮板加入到蛋黄部分中，拌匀后再倒入剩余的蛋白部分中，拌匀后装入裱花袋中，用剪刀剪出小口，再挤入蛋糕纸杯中，至六分满。4.把蛋糕纸杯放入烤箱，烤箱温度调成上火160℃、下火160℃，放入烤盘，烤10分钟至熟，取出烤盘，放凉后装入盘中即可。

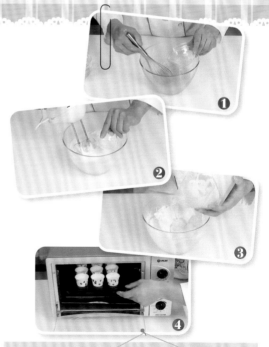

①
②
③
④

新手注意 将材料挤入蛋糕纸杯时，材料不要挤入太满，一般挤入五分满左右即可，以免影响成品美观。

芬妮蛋糕

▶ **工具** ◀ 电动搅拌器，烘焙纸，裱花袋，剪刀，烤箱

▶ **材料*3人份** ◀ 黄油160克，细砂糖110克，牛奶45毫升，鸡蛋4个，蛋黄40克，奶粉75克，低筋面粉180克，蛋糕油5克，糖粉60克，蛋白50克

▶ **做法** ◀ 1.将牛奶与黄油80克隔水加热至奶油全溶化备用。2.将鸡蛋、蛋黄20克、细砂糖、低筋面粉100克、奶粉45克、蛋糕油混匀，用电动搅拌器拌匀，加入溶化的黄油与牛奶的混合物，并快速拌匀，制成面糊。3.将面糊倒入垫有烘焙纸的烤盘中，抹平。4.放入上下火160℃的烤箱，烤20分钟至熟。5.将黄油80克、糖粉、蛋白、奶粉30克、低筋面粉80克倒入容器中，拌匀，制成浆，装入裱花袋中。6.将蛋黄20克拌匀成浆，装入另一裱花袋中，用剪刀剪出小口；利用两种浆使蛋糕上成井字花纹，放入上下火160℃的烤箱，烤5分钟，取出切块即可。

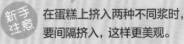

新手注意 在蛋糕上挤入两种不同浆时，要间隔挤入，这样更美观。

金丝蛋糕

▶【**工具**】搅拌器，筛网，电动搅拌器，长柄刮板，烘焙纸，蛋糕刀，烤箱

▶【**材料*4人份**】清水20毫升，色拉油55毫升，细砂糖190克，低筋面粉130克，玉米淀粉55克，泡打粉2克，蛋黄75克，抹茶粉15克，塔塔粉3克，蛋白175克，牛奶250毫升，鸡蛋2个，色拉油10毫升

▶【**做法**】1.将清水、细砂糖28克、色拉油55毫升倒入容器中用搅拌器拌匀，加入过筛好的低筋面粉70克、抹茶粉、玉米淀粉、泡打粉、蛋黄，拌匀至糊状。2.将蛋白倒入容器中加入细砂糖100克、塔塔粉，用电动搅拌器搅拌至鸡尾状。3.用长柄刮板将步骤1面糊、步骤2蛋糕浆混合拌匀。4.在垫有烘焙纸的烤盘上倒入面糊，放入上火180℃、下火160℃的烤箱中，烤20分钟至熟，取出用蛋糕刀切成四份。5.用筛网将低筋面粉60克过筛到容器中，倒入牛奶、色拉油10毫升、细砂糖62克、2个鸡蛋拌匀，制成金丝酱备用。6.用金丝酱煎的金丝皮包裹住蛋糕即可。

新手注意　煎制金丝皮时，火候要控制好，不宜高，以免煎煳。

玛黑莉巧克力蛋糕

】【工具】【电动搅拌器，长柄刮板，模具，烤箱

】【材料*3人份】【黄油100克，细砂糖150克，热水50毫升，可可粉18克，鲜奶油65克，低筋面粉95克，食粉2克，香草粉2克，蛋黄1个，蛋白40克，糖粉适量

】【做法】【1.将细砂糖130克、黄油、热水、可可粉，用电动搅拌器搅匀，加入鲜奶油拌匀，加入食粉、香草粉、低筋面粉、蛋黄，用长柄刮板拌匀成蛋黄糊。2.将蛋白、细砂糖20克倒入另一个碗，用电动搅拌器快速打发成鸡尾状，倒入蛋黄糊中，拌成蛋糕浆。3.将蛋糕浆装入模具中至六分满，放入烤盘中。4.将烤盘放入烤箱，调上下火170℃，烤30分钟至熟。5.取出脱模后，再撒上糖粉即可。

> **新手注意** 成功的戚风蛋糕不仅是外形完整不回缩，轻微开裂或回缩并不是问题，松软细腻的口感比完整外形更加重要。

波士顿派

】【工具】【搅拌器，电动搅拌器，长柄刮板，派模，抹刀，筛网，烤箱

】【材料*2人份】【面粉、泡打粉、色拉油、水、蛋黄、鲜奶、蛋白、打发鲜奶油、细砂糖、盐、糖粉各适量

】【做法】【1.将面粉、泡打粉、细砂糖、盐、水、色拉油、蛋黄、鲜奶放入盆中，用搅拌器拌成面糊；将蛋白放入盆中用电动搅拌器打至起泡，分2次加细砂糖，打发至干性发泡，然后分次加入面糊中，用长柄刮板拌匀，再倒入派模中至满。2.将派模放入烤箱中，烤约35分钟，出炉后倒扣在凉架上放凉；待凉后将蛋糕横切成2片，在中间用抹刀抹一层打发鲜奶油，盖上另一片蛋糕，表面用筛网筛上糖粉装饰即可。

> **新手注意** 如果使用用非不粘材质的模型制作波士顿派，可在模型底部垫一张同等大小的烘焙纸，以利蛋糕脱模。

咖啡蛋糕

▶【**工具**】◀搅拌器，电动搅拌器，模具，烤箱

▶【**材料*2人份**】◀蛋黄、蛋糕粉、泡打粉、蛋白、牛奶、香奶、水、塔塔粉、咖啡粉、忌廉、水果、盐、细砂糖、打发鲜奶油、巧克力片各适量

▶【**做法**】◀1.将蛋黄和细砂糖装入容器中用搅拌器搅拌至白色，加水搅匀，再入蛋糕粉、咖啡粉、牛奶、香奶、泡打粉充分搅匀，加油拌匀成蛋黄糊；将蛋白和30克细砂糖、塔塔粉、盐用电动搅拌器快速打发。2.倒入拌好的蛋黄糊，拌匀后，装入模具内再入烤箱烤30分钟，取出冷却。3.将冷却的蛋糕去面皮、底皮后，中间切开底表，放入忌廉和水果，再放上一层蛋糕坯，表面抹上打发鲜奶油，放上水果、巧克力片装饰即可。

新手注意 把蛋黄糊加入到打发好的蛋白中去的时候，一定不能顺着搅拌，应该要像炒菜一样，从下往上搅拌。

柠檬小蛋糕

▶【**工具**】◀刀，搅拌器，电动搅拌器，长柄刮板，模具，烤箱

▶【**材料*2人份**】◀蛋黄70克，奶油80克，鲜奶40毫升，柠檬1个，面粉、蛋白、柠檬巧克力、细砂糖各适量

▶【**做法**】◀1.将柠檬皮用刀切成细丝，果肉压汁；柠檬巧克力切碎溶化成浆待用。2.蛋黄加细砂糖，用搅拌器打发至发白，加入奶油、鲜奶、面粉拌成面糊。3.蛋白放盆中用电动搅拌器打至起泡，加柠檬汁、细砂糖，打发至鸡尾状；将蛋白糊分2次加入拌好的面糊中用长柄刮板拌匀，第2次时加入柠檬皮一起拌匀，将拌好的蛋糕浆倒入模具中至八分满。放入烤箱中，调上下火170℃，烤15分钟；取出放凉后脱模，沾上溶化的柠檬巧克力即可。

新手注意 蛋糕的膨松来自于蛋白的发泡作用，由此而形成的具有一定硬度的泡沫结构，使蛋糕的品质与口感更佳。

芝士蛋糕

简约的外形，带有着浓浓香味的芝士蛋糕，是一款经典式的糕点，通常以饼干作为底层，而表层加上奶油、水果酱，或新鲜的水果作为装饰，整体来看，感觉不像一般的蛋糕，反而像派的一种，既漂亮又美味。

奶油芝士蛋糕

▶ 工具 ◀ 擦菜板，长柄刮板，蛋糕模具，裱花袋，剪刀，烤箱

▶ 材料*3人份 ◀ 芝士、黄油各60克，鸡蛋2个，细砂糖65克，低筋面粉150克，泡打粉2克，盐少许，柠檬皮1个，柠檬汁5毫升；芝士糖衣：奶油芝士10克，柠檬汁5毫升，糖粉30克

▶ 做法 ◀ 1.用擦菜板磨下柠檬皮，果肉榨汁；奶油芝士和黄油打散，再加细砂糖搅匀。2.将鸡蛋液、柠檬皮、柠檬汁、低筋面粉、泡打粉、盐一起用长柄刮板拌匀成面糊。3.装入模具内，用长柄刮板在中间扫出一个凹槽，再放到预热至170℃的烤箱里，烤40分钟。4.趁烤好的蛋糕还是温时，把做好的糖衣倒入裱花袋里，用剪刀剪出小口，均匀地挤在蛋糕表面上即可。

①
②
③
④

新手注意

制作蛋糕之前，应事先把奶油芝士、黄油和鸡蛋放到室温下；而低筋面粉、泡打粉、盐则需过筛。

红莓芝士蛋糕

〗工具〖 模具，搅拌器，烤箱

〗材料*3人份〖 饼干60克，黄油15克，牛奶5毫升，芝士200克，鸡蛋2个，生奶油140克，酸奶油100克，香草提取物少许，细砂糖55克，红莓酱80克，玉米淀粉2大匙

〗做法〖 1.把饼干、黄油、牛奶用搅拌器搅匀成浆。2.把搅拌好的浆盛入模具内并压实。3.把溶化的芝士放到搅拌碗里，用搅拌器打散，加入细砂糖、酸奶油、鸡蛋、香草提取物、玉米淀粉、生奶油放入碗里，拌匀。 4.把1/2的面团装到铺上了饼干的模具里，浇上红莓酱，再把剩下的装进去。 5.放入预热到170℃的烤箱中，烘烤60分钟左右就完成了。

新手注意

若没有香草提取物，则可以用香草油或香草粉来代替。

冻芝士蛋糕

〗工具〖 保鲜袋，木棍，模具，电动搅拌器，裱花袋，剪刀

〗材料*3人份〖 芝士250克，糖粉60克，黄油40克，饼干80克，吉利丁片2片，牛奶100毫升，植物鲜奶油150毫升，草莓果酱、黑巧克力液、圣女果各适量

〗做法〖 1.将黄油溶水溶化；饼干装入保鲜袋用木棍碾成末。2.黄油倒入饼干粉末中拌匀，倒入模具内。3.将吉利丁片加牛奶拌匀。4.芝士、糖粉、植物鲜奶油、牛奶倒入容器中，用电动搅拌器拌匀成芝士浆。5.将芝士浆倒入模具中，冷藏4小时后脱模装盘。6.将草莓果酱倒在蛋糕上，用抹刀抹匀，黑巧克力液装入裱花袋中，用剪刀剪出小口，在另一角画上花纹，放上圣女果装饰即可。

新手注意

低脂的或脱脂的芝士可能会造成蛋糕不能固定。

新手注意
芝士蛋糕需要放在冰箱里冷藏几个小时来固定。

 大理石冻芝士蛋糕

工具 保鲜袋，木棍，模具，电动搅拌器，筷子

材料*3人份 芝士250克，糖粉60克，黄油40克，饼干80克，吉利丁片2片，牛奶100毫升，植物鲜奶油150毫升，巧克力果膏适量

做法 1.将黄油隔水溶化；饼干装入保鲜袋，用木棍碾压成末装碗，倒入溶化的黄油，搅拌均匀。2.拌匀的饼干末倒入模具中，铺平并按压紧实。3.吉利丁片放入牛奶中泡软化。4.将芝士、糖粉、植物鲜奶油、牛奶倒入容器中，用电动搅拌器拌匀成芝士浆。5.将芝士浆倒入模具中，抹平，倒巧克力果膏，并用筷子画一些花纹，放入冰箱冷藏4小时至成形。6.从冰箱中取出，脱模后将蛋糕装盘即可。

新手注意
制作芝士浆时，最好一边倒酸奶一边打发，会使浆液更浓稠。

 布朗尼蛋糕

工具 模具，电动搅拌器，长柄刮板，蛋糕刀，白纸，烤箱

材料*2人份 黄油液50克，黑巧克力液50克，细砂糖50克，鸡蛋2个，酸奶80毫升，中筋面粉50克，细砂糖40克，芝士210克

做法 1.将黑巧克力液、黄油液、细砂糖、中筋面粉、鸡蛋1个、酸奶20毫升用长柄刮板拌匀，制成布朗尼浆，装入模具抹平，入烤箱以180℃烤18分钟。2.将细砂糖、鸡蛋1个、芝士、酸奶60毫升用电动搅拌器打发匀，制成芝士浆。3.取出模具，倒入芝士浆。4.将模具放入烤箱，以上下火160℃烤30分钟。5.再取出模具，放在铺有白纸的操作台上，去掉模具底部。6.用蛋糕刀把烤好的蛋糕切成小块，装盘即可。

地瓜芝士蛋糕

】 工具 【 保鲜袋，烘焙纸，模具，搅拌器，烤箱

】材料*2人份【 谷物曲奇60克，黄油15克，牛奶5毫升，芝士200克，地瓜150克，鸡蛋1个，蛋黄15克，黄糖50克，生奶油70克，玉米淀粉1大匙，香草粉少许

】 做法 【 1.把谷物曲奇装保鲜袋碾碎，加黄油和牛奶用搅拌器搅匀后，盛入模具内。2.把芝士放到室温下软化后，加黄糖搅拌均匀；倒入煮熟的地瓜，用搅拌器搅拌均匀。加入鸡蛋和蛋黄、玉米淀粉、香草粉、生奶油搅拌均匀，制成芝士面团。3.把面团装到铺曲奇的模具里，捶打面团2～3次，空气排出来后，放到预热至170℃的烤箱里，烘烤35～40分钟。

新手注意

做底的曲奇用市场上卖的曲奇就行，也可用塔皮来充当底座。

 # 甜南瓜芝士蛋糕

】 工具 【 搅拌器，微波炉，烤箱

】材料*3人份【 迷你甜南瓜1～2个，去皮后的甜南瓜80克，芝士75克，生奶油15克，细砂糖13克，玉米淀粉1大匙，蛋白27克

】 做法 【 1.把迷你甜南瓜的瓜瓤挖干净后，放到微波炉里加热3～4分钟至南瓜变软。2.把去皮后的甜南瓜放到微波炉里加热4～5分钟，熟透后放入容器中，加入生奶油、细砂糖、玉米淀粉、蛋白、芝士，用搅拌器拌匀做成奶油芝士馅。3.把奶油芝士馅填满迷你甜南瓜，将烤箱调上下火170℃预热2分钟，将南瓜放入预热好的烤箱里，烘烤30分钟取出即可食用。

新手注意

奶油芝士也可用奶油奶酪代替，口感依然十分不错。

草莓芝士蛋糕

▶▌工具▐ 模具，勺子，筛网，电动搅拌器，刷子，烤箱

▶▌材料*2人份▐ 糖浆草莓75克，芝士125克，低筋面粉30克，蛋黄45克，柠檬汁5毫升，蛋白95克，细砂糖40克，饼干100克，无盐奶油50克，草莓酱、草莓、薄荷叶、镜面果胶各适量

▶▌做法▐ 1.将饼干擀碎加无盐奶油用勺子拌匀，倒入模具中压平，冷冻至凝固备用。2.将糖浆草莓、芝士隔热水拌至软化，加入过筛的低筋面粉，拌匀，再隔热水煮，拌至浓稠，将蛋黄分次加入并拌匀，加入柠檬汁，拌匀。3.将蛋白加细砂糖用电动搅拌器拌至鸡尾状后分次加入步骤2中，然后倒入模具后挤上草莓酱，隔水以200℃烤上色，再降温至140℃烤60分钟。4.出炉后，冷冻2个小时脱模，刷上镜面果胶，再摆上草莓、薄荷叶。

 新手注意 草莓酱不宜过量，否则草莓酱易沉入面糊内；加入过筛的低筋面粉时要边加入边搅拌，防止面粉结块。

樱桃芝士蛋糕

▶ **工具** ◀ 保鲜袋，木棍，模具，电动搅拌器，搅拌器，刷子，烤箱

▶ **材料*3人份** ◀ 芝士200克，细砂糖70克，酸奶50克，柠檬汁20克，蛋白30克，牛奶80毫升，饼干100克，牛油50克，黑樱桃、果仁、透明果胶各适量

▶ **做法** ◀ 1.将饼干装进保鲜袋用木棍碾碎，加入溶化的牛油用搅拌器拌匀，倒入模具中压平，冷冻至凝固。2.将细砂糖加入芝士中用搅拌器拌至糖溶化，加入酸奶、牛奶、柠檬汁拌匀。3.蛋白用电动搅拌器打出粗泡后分次加入细砂糖，打至四成发可流状，倒入步骤2中拌匀，倒入模具内至八分满，入烤箱以200℃隔水烤10分钟，表面放上樱桃粒，再入烤箱烤上色，降至140℃烤至熟出炉。4.蛋糕冷却后，放入冰箱冻2小时后脱模，用刷子刷上透明果胶，摆上果仁，插上纸牌装饰即可。

①
②
③
④

新手注意 樱桃不应该在焙烤开始时加入，可在蛋糕烤10分钟左右再放入，否则樱桃容易沉入蛋糕中。

芝士蛋糕

工具 保鲜袋，模具，木棍，搅拌器，电动搅拌器，刷子，烤箱

材料*3人份 饼干100克，牛油50克，芝士125克，蛋黄25克，牛奶50克，低筋面粉10克，蛋白55克，细砂糖20克，蓝莓果酱25克，蓝莓、果仁、透明果膏各适量

做法 1.将饼干装入保鲜袋用木棍碾碎，加溶化好的牛油拌匀，倒入模具中压平，放入冰箱冻凝固后备用。2.将芝士隔热水拌至软化，加入牛奶用搅拌器拌匀。3.将低筋面粉加入步骤2中拌匀，隔水煮至浓稠后离水。4.加入蛋黄拌匀，再将蛋白和细砂糖用电动搅拌器打至软鸡尾状，分次加入步骤2中，然后加入蓝莓果酱拌匀。5.倒入模具内，以200℃隔水烤至上色后，降温至140℃烤60分钟后取出冷却。6.蛋糕放入冰箱冷冻2个小时后脱模，表面用刷子刷上透明果膏，放上蓝莓及果仁，插上纸牌即可。

新手注意 蓝莓果酱可用蓝莓果粒代替，撒在表面或底部均可。

大理石蛋糕

▶ 工具 ▶ 搅拌器，筛网，长柄刮板，慕斯模具，锡纸，烤箱

▶ 材料*2人份 ▶ 芝士150克，鸡蛋1个，生奶油100克，香草粉少许，细砂糖20克，低筋面粉30克，黑巧克力100克，蛋黄15克，蛋白35克

▶ 做法 ▶ 1.将蛋白打散后，加15克细砂糖用搅拌器将其做成蛋白甜饼。2.把提前放到室温下的芝士用另一个搅拌碗装好，打散之后，加5克细砂糖拌匀，打入鸡蛋后，拌匀。3.再加入生奶油、香草粉、过筛的低筋面粉、1/2蛋白甜饼，拌匀成原味面团。4.黑巧克力溶化后加蛋黄，把步骤1中剩下的蛋白甜饼和生奶油倒到巧克力里，拌匀成巧克力面团。5.把巧克力面团慢慢倒到原味面团里，用长柄刮板搅拌几下，做成大理石的样子。6.把大理石面团盛到用锡纸包好的慕斯模具里，再放入预热到170℃的烤箱里，烘烤35～40分钟。冷却后脱模，切成适当的大小。

新手注意　生奶油、奶油芝士和鸡蛋，都应该提前放到室温下。

抹茶芝士棒

【工具】 搅拌机，微波炉，方形模具，搅拌器，筛网，烤箱

【材料*3人份】 曲奇60克，黄油15克，牛奶5毫升，芝士150克，鸡蛋1个，细砂糖35克，柠檬汁5毫升，抹茶粉3克，低筋面粉10克，熟红豆20克，生奶油20克

【做法】 1.用搅拌机把曲奇磨好，把黄油和牛奶放微波炉里加热一下，倒到曲奇里，再搅匀。2.将拌匀后的曲奇装进模具并压平。3.把芝士用搅拌器打散，加细砂糖、鸡蛋拌匀，加柠檬汁搅匀，加过了筛的低筋面粉和抹茶粉搅匀，再加入生奶油，拌匀成芝士面团。4.曲奇上放红豆，铺上芝士面团，放入预热到170℃的烤箱里，烘烤30分钟。5.取出后，脱模切块即可。

冷冻榴莲芝士蛋糕

【工具】 保鲜袋，木棍，搅拌器，模具

【材料*2人份】 饼干100克，黄油50克，芝士75克，牛奶100克，蛋黄25克，细砂糖32克，榴莲肉泥125克，淡奶油125克，吉利丁丁4克，君度酒5克，水果、巧克力配件各适量

【做法】 1.将其饼干装入保鲜袋用木棍碾碎，加溶化的黄油拌匀，倒入模具中压平再冻凝固。2.将蛋黄、细砂糖、牛奶用搅拌器拌匀，加入泡软的吉利丁片并拌匀。3.将其分次加入芝士中，拌匀，降温后加入榴莲肉泥中拌匀。4.再将其分次加入淡奶油、君度酒拌匀成榴莲慕斯馅。5.馅料倒入模具内冻至凝固。6.取出脱模，放上巧克力配件和水果即可。

柠檬芝士蛋糕

▶【工具】◀保鲜袋，木棍，模具，电动搅拌器，筛网，烤箱

▶【材料*3人份】◀消化饼干100克，黄油50克，芝士230克，细砂糖45克，玉米淀粉90克，蛋黄40克，君度酒13毫升，柠檬半个，糖粉、马卡龙、柠檬皮屑各适量

▶【做法】◀1.将饼干装保鲜袋内用木棍碾碎，加溶化的黄油拌匀，放入模具后冷冻备用。2.将芝士与细砂糖用电动搅拌器打至软化、糖溶，再倒入蛋黄中拌匀，然后加玉米淀粉拌匀。3.将柠檬汁、君度酒和柠檬皮屑加入步骤2中拌匀成馅。4.将馅料倒入步骤1的模具内，放入烤箱，以180℃的温度烤至表面上色，再降至150℃烤至熟。5.取出冷却后脱模，在边上用筛网筛上糖粉，插上纸片，放上马卡龙作装饰即可。

新手注意

馅料最多注入至九分满，以免烘烤时溢出来，影响美观。

芝士蛋糕

▶【工具】◀电动搅拌器，模具，烘焙纸，烤箱

▶【材料*2人份】◀巧克力65克，黄油35克，生奶油50克，蛋白质60克，细砂糖40克，可可粉20克，低筋面粉15克，焦糖奶油30克，核桃4颗，装饰用生奶油，冷的生奶油50克，细砂糖10克，蛋黄40克

▶【做法】◀1.往奶锅里加生奶油和黄油、巧克力搅拌均匀至巧克力溶化为止；蛋白装碗，加细砂糖20克用电动搅拌器打发。加黄油、细砂糖、蛋黄、溶化的巧克力、低筋面粉、可可粉、蛋白液拌匀成面团。2.模具里铺上烘焙纸，把面团装到模具一半的位置，放入核桃，再适当地浇一些焦糖奶油。3.放入预热到160~170℃的烤箱中，烤30分钟，冷却后挤一个圆球状的奶油即可。

新手注意

用松饼模具或方形纸模烘焙，冷却后撒上糖粉装饰物也很漂亮。

蛋糕卷

蛋糕里面裹着浓郁果香味的果酱，迎面还会闻到一股扑鼻而来的奶油味，诱惑着你的味蕾，让你情不自禁地吃上一口，像海绵蛋糕一样，松松软软的，美味十足。不管是老人还是小孩，上班族还是学生族，都会爱上这种甜滋滋的味道。

可可蛋糕卷

工具 电动搅拌器，烘焙纸，抹刀，烤箱

材料*5人份 鸡蛋10个，细砂糖200克，食盐2克，低筋面粉110克，高筋面粉75克，奶香粉2克，泡打粉2克，蛋糕油23克，清水38毫升，鲜奶38克，色拉油125毫升，可可粉30克，柠檬果膏适量

做法 1.把鸡蛋、细砂糖、食盐倒在一起，用电动搅拌器打至细砂糖完全溶化，加入低筋面粉、高筋面粉、奶香粉、泡打粉、可可粉、蛋糕油，先慢后快打发至原体积的3.5倍。2.分次加入水、鲜奶、色拉油，拌匀倒在铺了烘焙纸的烤盘上，抹均匀。3.入烤箱以160℃温度烤25分钟至熟透。4.用抹刀抹上柠檬果膏，卷起静置后切小件。

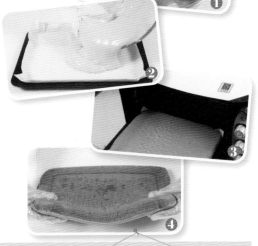

新手注意 在制作可可蛋糕卷时，一定要注意控制好温度，因为加入了可可粉的蛋糕一般比较难熟透。

抹茶红豆卷

▶【工具】◀搅拌器，电动搅拌器，长柄刮板，抹刀，烘焙纸，烤箱

▶【材料*2人份】◀抹茶粉10克，蛋黄40克，鲜奶25克，色拉油、面粉、泡打粉、蛋白、细砂糖、柠檬汁、蜜红豆粒、打发鲜奶油、细砂糖、盐各适量

▶【做法】◀1.将蛋黄、细砂糖、盐、鲜奶、沙拉油放入盆中用搅拌器拌匀，加抹茶粉和热水，再放面粉和泡打粉拌匀成面糊。2.蛋白用电动搅拌器打发至起泡，加柠檬汁、细砂糖，打至发泡；将蛋白糊分2次加入面糊中，用长柄刮板拌匀，倒入垫有烘焙纸的烤盘中抹平，入烤箱，调上下火170℃，烤20分钟；用抹刀抹上打发鲜奶油，撒蜜红豆粒，卷成圆柱状，外面包裹烘焙纸，冷冻定型后取出切片。

新手注意

抹茶红豆卷烤制的时间不宜过长，否则在卷起时易断。

抹茶蛋糕卷

▶【工具】◀搅拌器，电动搅拌器，烘焙纸，木棍，蛋糕刀，烤箱

▶【材料*2人份】◀抹茶粉10克，玉米淀粉20克，色拉油、酸奶、水各50毫升，蛋黄100克，蛋白150克，塔塔粉3克，低筋面粉60克，细砂糖110克，芝士50克，打发奶油100克，吉利丁片2片

▶【做法】◀1.将蛋黄、色拉油、低筋面粉、抹茶粉、水、玉米淀粉拌匀成抹茶浆；另取容器，倒入蛋白、细砂糖85克用电动搅拌器打发至起泡，加入塔塔粉，快速打发至鸡尾状，再加入抹茶浆拌匀成蛋糕浆。2.倒在垫有烘焙纸的烤盘上，放入上下火180℃的烤箱中烤15分钟至熟。3.吉利丁片、酸奶、芝士、细砂糖25克、奶油拌匀成浆。4.取出蛋糕后抹上浆，用木棍卷起，再用刀切段。

新手注意

吉利丁片放入酸奶中泡至溶化过程中，可以用工具搅拌。

新手注意

天使蛋糕蛋白打发至湿性发泡即可，过硬则会使其口感过韧。

红豆天使蛋糕卷

】工具【 搅拌器，电动搅拌器，长柄刮板，烘焙纸，木棍，烤箱

】材料*3人份【 蛋白250克，塔塔粉2克，低筋面粉100克，色拉油50毫升，细砂糖120克，泡打粉3克，红豆粒10克，柠檬汁5毫升，打发鲜奶油20克，水70毫升

】做法【 1.将色拉油倒入玻璃碗中，加入低筋面粉、水、塔塔粉，用搅拌器拌匀，放入泡打粉、柠檬汁，拌成面糊。2.蛋白加细砂糖、泡打粉，用电动搅拌器打发至鸡尾状。3.将其倒入面糊碗中，用长柄刮板拌匀。4.烤盘上垫烘焙纸，放入红豆粒、面糊，放入上火180℃，下火150℃烤箱中烤15分钟。5.取出后抹上鲜奶油。6.用木棍把蛋糕卷成圆筒状，切成三等份装盘。

新手注意

烤炉的温度较高，虎皮蛋糕不要烤太久，以免烤焦。

虎皮蛋糕卷

】工具【 电动搅拌器，烘焙纸，抹刀，蛋糕刀，木棍，烤箱

】材料*2人份【 蛋黄260克，细砂糖120克，玉米淀粉80克，打发鲜奶油20克

】做法【 1.将蛋黄、细砂糖、玉米淀粉装入一个容器内用电动搅拌器打发至浓稠状，制成面糊。2.烤盘上垫上烘焙纸再倒入面糊，放入上火180℃、下火150℃的烤箱，烤15分钟至呈金黄色。3.取出烤盘，放置至凉，将蛋糕翻转过来，撕去烘焙纸。4.在蛋糕上用抹刀均匀地抹上鲜奶油，用木棍将烘焙纸卷起，把蛋糕卷成圆筒状，静置5分钟至成形。5.用蛋糕刀切去蛋糕两边不整齐的部分，再将蛋糕切成四等份，装入盘中即可。

彩虹蛋糕卷

▌ 工具 ▌ 搅拌器，电动搅拌器，裱花袋，烘焙纸，烤箱

▌ 材料*3人份 ▌ 鸡蛋4个，哈密瓜色香油、香芋色香油各适量，打发鲜奶油30克，低筋面粉70克，玉米淀粉55克，泡打粉5克，清水70毫升，色拉油55毫升，细砂糖125克

▌ 做法 ▌ 1.将鸡蛋分离蛋黄、蛋白装入玻璃碗中，将低筋面粉、玉米淀粉、泡打粉2克、清水、色拉油、细砂糖28克装入蛋黄的碗中，用搅拌器拌匀；将蛋白、细砂糖97克、泡打粉3克用电动搅拌器打发；将二者拌匀。2.面糊分别加两种色香油制成香面糊。3.将3种面糊装入裱花袋中以间隔的方式挤在烤盘上放入上下火160℃的烤箱，烤20分钟。4.取出抹上鲜奶油，卷起后切段。

新手注意

挤面糊时不能中断，因为这样会影响成品的美观。

瑞士蛋糕卷

▌ 工具 ▌ 电动搅拌器，烘焙纸，裱花袋，筷子，蛋糕刀，烤箱

▌ 材料*3人份 ▌ 鸡蛋4个，低筋面粉125克，细砂糖112克，清水50毫升，色拉油37毫升，蛋糕油10克，蛋黄30克，打发鲜奶油适量

▌ 做法 ▌ 1.将鸡蛋、细砂糖、清水、低筋面粉、蛋糕油、色拉油倒入碗中，用电动搅拌器拌成面糊。2.倒入垫有烘焙纸的烤盘上，抹匀待用。3.蛋黄拌匀倒入裱花袋中，自上而下画到烤盘中，用筷子在面糊表层呈反方向划动。4.将烤盘放入上火170℃、下火190℃的烤箱中，烤20分钟至熟。5.取出后抹上打发的鲜奶油。6.卷成圆筒状，静置成形，再用蛋糕刀切成两等份，把切好的蛋糕装入盘中即可。

新手注意

在鸡蛋中加入少许醋，能使蛋白打发后更稳定，不易消泡。

鸳鸯蛋糕卷

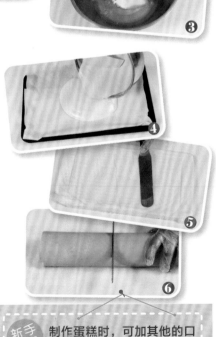

▶ **工具** ▶ 搅拌器，电动搅拌器，烘焙纸，长柄刮板，抹刀，烤箱

▶ **材料*2人份** ▶ 水100毫升，色拉油75毫升，低筋面粉80克，粟粉30克，奶香粉3克，泡打粉1克，蛋黄120克，可可粉适量，蛋白150克，细砂糖100克，塔塔粉2克，柠檬果膏适量

▶ **做法** ▶ 1.将水、色拉油混合用搅拌器拌匀，加入低筋面粉、粟粉、奶香粉、泡打粉拌至无粉粒，加入蛋黄拌成光亮的面糊。 2.取一半面糊加入可可粉拌匀，备用。 3.把蛋白、塔塔粉、细砂糖倒在一起，用电动搅拌器先慢后快，打至鸡尾状，平均分成相等的2份，分次加入2份面糊中完全拌匀。 4.将两份面糊分别倒入垫有烘焙纸的烤盘内，用长柄刮板抹匀入烤箱以170℃的温度烤约25分钟至熟后取出冷却。5.取走粘在糕体上的烘焙纸，抹上柠檬果膏，叠上调色的糕体，用抹刀抹上果膏。6.卷起，静置30分钟以上，分切成小件即可。

新手注意 制作蛋糕时，可加其他的口味，如抹茶粉等。

黑樱桃蛋糕卷

▶**工具**◀ 刀，搅拌器，筛网，烘焙纸，蛋糕刀，刷子，烤箱

▶**材料*1人份**◀ 鸡蛋3个，细砂糖55克，糖稀5克，大米粉40克，可可粉13克，黄油、生奶油各20克，黑樱桃适量，打发的生奶油50克

▶**做法**◀ 1.将樱桃洗净，去皮，对半切，去籽，备用。2.鸡蛋加细砂糖和糖稀用搅拌器拌匀，倒入过筛的大米粉和可可粉，快速搅拌均匀，先倒入一部分溶化好的黄油和生奶油，搅匀后再全部倒进去，搅拌均匀成面糊。3.把面糊装到烘烤板上，放到预热至180℃的烤箱里，烘烤15分钟左右。4.烤好后连烘焙纸一起把蛋糕从烘烤盘里拿出来冷却，把烘焙纸剥开，将蛋糕用蛋糕刀切成两半，把烘烤的那一面朝下摆放，刷上糖稀，刷得湿一些。5.再刷上打发的生奶油，放上樱桃。6.用烘焙纸把蛋糕卷起来，冷藏30分钟左右，取出来后，刷上糖稀、生奶油，抹匀。

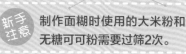

新手注意 制作面糊时使用的大米粉和无糖可可粉需要过筛2次。

 # 海苔蛋糕卷

▶【工具】◀ 搅拌器，电动搅拌器，抹刀，筛网，烘焙纸，烤箱

▶【材料*4人份】◀ 海苔碎、打发鲜奶油各适量，蛋白160克，塔塔粉3克，细砂糖140克，低筋面粉70克，玉米淀粉55克，蛋黄60克，色拉油55毫升，清水20毫升，泡打粉2克

▶【做法】◀ 1.将蛋黄、细砂糖30克、色拉油、清水、玉米淀粉、低筋面粉、泡打粉过筛至容器中，用搅拌器拌成糊状；将蛋白、细砂糖110克、塔塔粉，用电动搅拌器拌匀呈鸡尾状；将二者混合后加入海苔碎拌匀。2.将拌好的材料倒在垫有烘烤纸的烤盘上，放入上火180℃、下火160℃的烤箱中，烤15分钟。3.取出后用抹刀抹上鲜奶油。4.把蛋糕卷成圆筒状，切成块，装入盘中。

新手注意 在制作海苔蛋糕的时候，加入的海苔一定要撕得碎一点，因为这样在搅拌蛋糕糊的时候才会更加均匀。

 # 栗子蛋糕卷

▶【工具】◀ 搅拌器，电动搅拌器，裱花袋，长柄刮板，烘焙纸，烤箱，蛋糕刀

▶【材料*3人份】◀ 栗子茸80克，打发鲜奶油40克，细砂糖125克，蛋白100克，塔塔粉2克，蛋黄45克，色拉油30毫升，低筋面粉60克，玉米淀粉50克，泡打粉2克，清水30毫升，巧克力片适量

▶【做法】◀ 1.将色拉油、细砂糖30克、清水、玉米淀粉、低筋面粉、蛋黄、泡打粉用搅拌器拌匀；将蛋白、细砂糖95克、塔塔粉用电动搅拌器打发至呈鸡尾状；用长柄刮板将二者混合拌匀。2.将拌好的材料倒入垫有烘焙纸的烤盘中，放入上火180℃、下火160℃的烤箱，烤20分钟至熟。3.取出后抹上鲜奶油，卷起定形。4.将栗子茸装入裱花袋，挤在蛋糕表面上，再摆上巧克力片。

新手注意 将栗子茸装入裱花袋中时，可以先将栗子茸隔水加热一会儿，因为这样更易挤出。

草莓卷

▶ 【工具】◀ 搅拌器，电动搅拌器，长柄刮板，烘焙纸，烤箱，蛋糕刀

▶ 【材料*2人份】◀ 草莓100克，草莓粒30克，打发的鲜奶油适量，蛋白105克，塔塔粉2克，细砂糖125克，蛋黄45克，色拉油30毫升，低筋面粉60克，玉米淀粉50克，泡打粉2克，清水30毫升

▶ 【做法】◀ 1.将清水、细砂糖30克、色拉油、低筋面粉、玉米淀粉、泡打粉、蛋黄，用搅拌器拌匀；将蛋白、细砂糖95克、塔塔粉用电动搅拌器打发至其呈鸡尾状；用长柄刮板将二者混合拌匀。2.将拌好的材料倒在垫有烘焙纸的烤盘上，撒上草莓粒后放入上火180℃、下火160℃的烤箱，烤20分钟。3.取出后抹上鲜奶油，蛋糕边处摆上草莓。4.卷成圆筒状，静置片刻，将蛋糕切段，装盘即可。

新手注意 在蛋糕浆上面撒草莓粒时，草莓粒一定要撒得均匀，并且使草莓粒稍微下沉一点，这样成品口感更佳。

哈密瓜蛋糕卷

▶ 【工具】◀ 筛网，搅拌器，电动搅拌器，长柄刮板，烘焙纸，烤箱

▶ 【材料*2人份】◀ 哈密瓜色香油、香橙果浆各适量，细砂糖125克，蛋白100克，塔塔粉2克，蛋黄45克，色拉油30毫升，低筋面粉60克，玉米淀粉50克，泡打粉2克，清水30毫升

▶ 【做法】◀ 1.将清水、细砂糖30克、色拉油、低筋面粉、玉米淀粉、蛋黄、泡打粉倒入容器中，用搅拌器拌匀；将蛋白、细砂糖95克、塔塔粉，用电动搅拌器打发至鸡尾状；将二者用长柄刮板混合拌匀，加入哈密瓜色香油拌匀。2.倒入垫有烘焙纸的烤盘上抹匀，放入上火180℃、下火160℃的烤箱，烤20分钟。3.取出抹上香橙果浆。4.卷成圆筒状后静置片刻，切成四等份即可。

新手注意 卷好的蛋糕不要立刻去除烘焙纸，应静置一会儿使其成形后，再去除烘焙纸，否则蛋糕卷可能会散开。

棉花蛋糕卷

▶ 工具 ◀ 电动搅拌器，长柄刮板，烘焙纸，抹刀，木棍，蛋糕刀，烤箱

▶ 材料*2人份 ◀ 溶化黄油60克，低筋面粉80克，牛奶80毫升，细砂糖90克，蛋黄90克，蛋白75克，盐、香橙果酱各适量

▶ 做法 ◀ 1.将蛋黄、盐、细砂糖30克、低筋面粉、牛奶、黄油倒入碗中，用电动搅拌器打发均匀，制成面糊。2.蛋白加细砂糖用电动搅拌器打发均匀，制成蛋白部分，倒入面糊中，拌匀后倒在垫有烘焙纸的烤盘中。3.将烤盘放入上下火150℃的烤箱中，烤20分钟至熟取出。4.在操作台上，撕去蛋糕底部的烘焙纸，用抹刀抹上香橙果酱，用木棍连着烘焙纸将蛋糕卷成卷，静置5分钟，去烘焙纸，用蛋糕刀切去两边不平整的地方，对半切开，装入盘中即可。

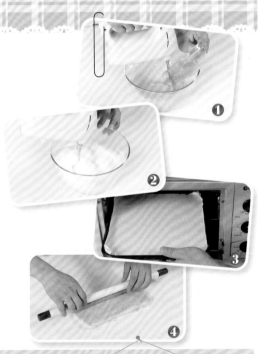

新手注意 盛装的碗、电动搅拌器要无油无水，否则不易打发；蛋要新鲜，蛋白里不能有蛋黄，否则不易打发。

斑马蛋糕卷

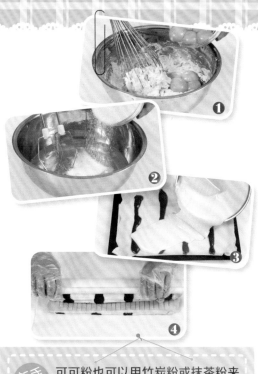

▶ **工具** ◀ 搅拌器，电动搅拌器，长柄刮板，裱花袋，烘焙纸，蛋糕刀，烤箱

▶ **材料*4人份** ◀ 清水100毫升，色拉油85毫升，低筋面粉162克，玉米淀粉25克，奶香粉2克，蛋黄125克，蛋白325克，细砂糖188克，塔塔粉4克，食盐2克，可可粉、柠檬果膏各适量

▶ **做法** ◀ 1.把清水、色拉油倒在一起拌匀，加入低筋面粉、玉米淀粉、奶香粉用搅拌器拌匀至无粉粒，加入蛋黄拌匀成光亮的面糊备用。2.把蛋白、细砂糖、塔塔粉、食盐倒在一起，用电动搅拌器打至鸡尾状，分次加入步骤1中完全拌匀。3.取少量面糊，加入可可粉拌匀后装入裱花袋，在垫有烘焙纸的烤盘内挤入条状面糊，倒入原色面糊，入烤箱以上下火170℃烤30分钟至熟。4.取出后在表面抹上柠檬果膏，卷起，静置片刻，用蛋糕刀分切成小件即可。

新手注意 可可粉也可以用竹炭粉或抹茶粉来代替，但是竹炭粉不易和水调匀，所以一定要调到没有颗粒为止。

香橙蛋糕卷

工具 搅拌器，电动搅拌器，烤箱

材料*2人份 香橙片适量，打发鲜奶油适量，水50毫升，细砂糖225克，蛋白135克，塔塔粉2克，蛋黄45克，色拉油30毫升，低筋面粉60克，玉米淀粉50克，泡打粉2克

做法 1.将细砂糖100克、水20毫升用奶锅煮热，放入香橙片，用小火煮10分钟备用。2.将清水30毫升、细砂糖30克、色拉油、低筋面粉、玉米淀粉、泡打粉、蛋黄装入一个容器内用搅拌器拌匀；将蛋白、细砂糖95克、塔塔粉用电动搅拌器打发至呈鸡尾状，将二者混匀。3.把香橙片铺在烤盘上，倒入拌好的材料，放入上火180℃、下火160℃烤箱中，烤20分钟至熟。4.取出后抹上鲜奶油，切成两等份的蛋糕卷。

新手注意 香橙可以在锅中多煮一会儿，以使香橙片更入味。

香芋蛋卷

工具 搅拌器，电动搅拌器，长柄刮板，抹刀，烤箱

材料*2人份 香芋色香油、香橙果酱各适量，细砂糖125克，蛋白105克，塔塔粉2克，蛋黄45克，色拉油30毫升，低筋面粉60克，玉米淀粉50克，泡打粉2克，清水30毫升

做法 1.将清水、细砂糖30克、色拉油、低筋面粉、玉米淀粉、蛋黄、泡打粉装入一个容器中用搅拌器拌匀；蛋白、细砂糖95克、塔塔粉用电动搅拌器打发至鸡尾状；用长柄刮板将二者混匀，加入香芋色香油制成香芋蛋糕浆。2.倒入烤盘中，放入上火180℃、下火160℃的烤箱中，烤20分钟。3.取出后用抹刀抹上香橙果浆。4.卷成圆筒状，静置后切成四等份，装入盘中即可。

新手注意 倒入色香油后要搅拌均匀，否则烤出的蛋糕颜色不均匀。

年轮蛋糕卷

▌工具▌ 搅拌器，电动搅拌器，平底锅，筷子，刷子

▌材料*2人份▌ 牛奶120毫升，低筋面粉100克，蛋黄30克，蛋白70克，色拉油30毫升，细砂糖25克，蜂蜜适量

▌做法▌ 1.将牛奶、色拉油、蛋黄倒入碗中，用搅拌器拌匀，低筋粉过筛至碗中，搅拌均匀，备用。2.将蛋白、细砂糖，用电动搅拌器打发均匀至奶白状，倒入打发好的蛋黄中，拌匀，制成面糊。3.面糊倒入平底锅，小火煎成面皮，刷上蜂蜜，用筷子将面皮卷起，定形放凉。4.将剩余的面糊煎成面皮，直至煎完，按照滚雪球的方式，依次放上之前卷起的面皮，沿着面皮的一端卷起，成大蛋糕卷。5.切成段，制成年轮蛋糕，装入盘中，刷上适量的蜂蜜。

> **新手注意**
> 在面糊还未变硬时铲起边缘，面皮边上不会太薄脆。

抹茶年轮蛋糕卷

▌工具▌ 搅拌器，电动搅拌器，平底锅，筷子，刷子

▌材料*2人份▌ 牛奶120毫升，低筋面粉100克，细砂糖25克，抹茶粉10克，蛋白70克，蛋黄30克，色拉油30毫升，糖粉适量，蜂蜜适量

▌做法▌ 1.将蛋黄、牛奶、色拉油、低筋粉、抹茶粉倒入容器中用搅拌器拌匀。2.将蛋白、细砂糖，用电动搅拌器打发均匀至奶白状，倒入打发好的蛋黄中，拌匀，制成面糊。3.面糊倒入平底锅，小火煎成面皮，刷上蜂蜜，用筷子将面皮卷起，定形放凉。4.将剩余的面糊煎成面皮，直至煎完为止，按照滚雪球的方式，依次放上之前卷起的面皮，沿着面皮的一端卷起，成大蛋糕卷。5.切段装盘，撒上糖粉即可。

> **新手注意**
> 年轮蛋糕也可浇上糖汁或者溶化的巧克力覆盖表面后食用。

 # 蜂蜜年轮蛋糕卷

】【**工具**】搅拌器，电动搅拌器，平底锅，烘焙纸，筷子，刷子

】【**材料*2人份**】蜂蜜10克，细砂糖25克，色拉油30毫升，蛋黄30克，蛋白70克，牛奶120毫升，低筋面粉100克，草莓适量

】【**做法**】1.将牛奶、色拉油、蛋黄、低筋面粉倒入碗中，用搅拌器拌匀；将细砂糖、蛋白、蜂蜜，用电动搅拌器拌匀，将二者混合拌匀成面糊。2.小火煎至面糊表面起泡，翻面煎干，在烘焙纸上倒入煎好的面皮，刷蜂蜜，用筷子将面皮卷起，定形放凉。3.重复操作，直至煎完为止，按照滚雪球的方式，放上之前卷起的面皮，沿着面皮的一端卷起，成大蛋糕卷。4.切段，制成蛋糕装盘，放上草莓装饰。

新手注意 煎好的面皮最好先放凉一会儿，再涂少许蜂蜜，否则面皮会容易失去黏性。

 # 巧克力年轮蛋糕卷

】【**工具**】搅拌器，电动搅拌器，平底锅，筷子，刷子，裱花袋，剪刀

】【**材料*2人份**】细砂糖25克，可可粉10克，色拉油30毫升，蛋黄2个，蛋白2个，牛奶120毫升，低筋面粉100克，蜂蜜、白巧克力液、草莓各适量

】【**做法**】1.将牛奶、色拉油、蛋黄装入碗中用搅拌器搅拌均匀；将低筋粉、可可粉过筛至碗中，拌匀。2.蛋白、细砂糖，用电动搅拌器打发均匀至奶白状，倒入打发好的蛋黄中，拌匀，制成面糊。3.面糊倒入平底锅，小火煎成面皮，刷上蜂蜜，用筷子将面皮卷起，定形放凉。4.将剩余的面糊煎成面皮，直至煎完。5.取出，切成段装入盘中，把白巧克力液装入裱花袋中，剪开一个小口，快速划上白巧克力液，放上草莓。

新手注意 甜度因人而异，根据个人口味更改细砂糖的分量；如果想蛋糕更大，可以多卷几层面皮，再用保鲜膜包起来。

花纹皮蛋糕卷

】【**工具**】【电动搅拌器，搅拌器，烘焙纸，裱花袋，剪刀，白纸，蛋糕刀，烤箱

】【**材料*2人份**】【水100毫升，色拉油85毫升，低筋面粉162克，玉米淀粉25克，泡打粉2克，蛋黄125克，蛋白325克，细砂糖188克，塔塔粉4克，柠檬果膏、蛋黄液各适量

】【**做法**】【1.将水、色拉油、低筋面粉、玉米淀粉、泡打粉、蛋黄用搅拌器拌匀成面糊。2.将蛋白、塔塔粉、细砂糖用电动搅拌器打至鸡尾状，加入面糊中拌匀，倒入铺有烘培纸的烤盘内。3.蛋黄液倒入裱花袋，用剪刀剪出小口，挤在面糊上，用竹签划花纹，入烤箱以170℃烤30分钟。4.取出倒扣在铺有白纸的案台上，撕去烘焙纸，抹上柠檬果膏，卷起，静置片刻用刀切件即可。

 新手注意 烘烤花纹皮蛋糕卷的时候，蛋糕表面着色不要太深，否则装饰效果不佳，影响蛋糕的美观。

 # 马琪果蛋糕卷

】【**工具**】【电动搅拌器，烘焙纸，长柄刮板，抹刀，蛋糕刀，烤箱

】【**材料*3人份**】【细砂糖、黄油各140克，吉利丁片2片，咖啡粉16克，巧克力45克，打发鲜奶油、蛋白各150克，塔塔粉、泡打粉各3克，蛋黄、低筋面粉各90克，可可粉25克，色拉油、水各80毫升

】【**做法**】【1.将水、可可粉、低筋粉、色拉油、泡打粉、蛋黄装入一个容器内用搅拌器拌匀；蛋白、细砂糖90克、塔塔粉用电动搅拌器打发匀至鸡尾状；将二者用长柄刮板混匀成糊状。2.面糊倒入烤盘，放入上下火170℃的烤箱，烤20分钟取出。3.细砂糖50克、黄油、咖啡粉、泡软的吉利丁片、巧克力倒入奶锅中，煮化拌匀成馅。4.放入蛋糕中，卷起冷藏后用蛋糕刀切块，装盘即可。

新手注意 这款蛋糕含油量高，需低温和长时间的烘烤，温度一般在160-200℃之间，时间则要20~30分钟。

 # 香草蛋糕卷

工具 电动搅拌器，烘焙纸，长柄刮板，蛋糕刀，烤箱

材料*2人份 蛋黄60克，色拉油40毫升，细砂糖80克，低筋面粉65克，牛奶40毫升，香草粉5克，蛋白140克，塔塔粉3克，鲜奶油适量

做法 1.将牛奶、低筋面粉、色拉油、香草粉、细砂糖、蛋黄装入一个容器内用搅拌器拌匀成糊状；蛋白、细砂糖、塔塔粉，用电动搅拌器打发至鸡尾状；将二者用长柄刮板混合拌匀。2.将面糊倒入烤盘中，放入上下火160℃预热过的烤箱，烤15分钟至熟。3.将烤盘从烤箱中取出，在操作台上铺上烘焙纸，把烤盘倒扣在烘焙纸上，拿走烤盘，撕去粘在蛋糕上的烘焙纸。4.抹上鲜奶油，卷成圆筒状，用蛋糕刀对半切开即可。

新手注意

低筋面粉容易结块，在使用前过筛可消除结块。

 # 长颈鹿纹蛋卷

工具 电动搅拌器，烘焙纸，长柄刮板，蛋糕刀，烤箱

材料*2人份 蛋白140克，细砂糖65克，色拉油40毫升，蛋黄60克，可可粉、玉米淀粉各10克，低筋面粉80克，水60毫升，打发鲜奶油适量

做法 1.蛋白倒入碗中打发，加入细砂糖用电动搅拌器打发，成蛋白部分。2.取部分蛋白部分加入玉米淀粉，拌匀呈糊状。3.将面糊挤在铺有烘培纸的烤盘上呈花纹状，放入上下火160℃的烤箱，烤5分钟。4.将水、可可粉、低筋面粉、色拉油、细砂糖、蛋黄装入容器中拌匀，倒入剩余的蛋白部分，用长柄刮板拌匀成面糊状。5.将面糊倒在烤好的花纹蛋糕上，再放入上下火180℃的烤箱，烤20分钟至熟。6.取出后抹上打发鲜奶油，卷起用蛋糕刀切段。

新手注意

在卷蛋糕卷的时候，应该趁蛋糕还有点温度的时候就卷起来。

摩卡蛋糕卷

▶【工具】◀电动搅拌器，烘焙纸，抹刀，蛋糕刀，木棍，烤箱

▶【材料*3人份】◀低筋面粉100克，鸡蛋5个，牛奶30毫升，色拉油30毫升，细砂糖150克，可可粉5克，咖啡粉2克，打发鲜奶油适量

▶【做法】◀1.将鸡蛋、细砂糖、咖啡粉、可可粉、低筋面粉用电动搅拌器快速搅拌，边加入牛奶边搅拌，再边倒入色拉油边快速搅拌均匀成蛋糕浆。2.将蛋糕浆倒入垫有烘焙纸的烤盘中，放入上下火170℃预热过的烤箱中，烤20分钟至熟。3.将烤盘倒扣在烘焙纸上，撕去烘焙纸，用抹刀在蛋糕表面上抹上打发鲜奶油。4.用木棍连带着烘焙纸将蛋糕卷成圆筒状，并将蛋糕用刀切成小长段即可。

新手注意

可以在蛋糕表面撒上糖粉或巧克力粉作为装饰，口感也会更好。

马力诺蛋糕卷

▶【工具】◀电动搅拌器，长柄刮板，烘焙纸，木棍，裱花袋，蛋糕刀，剪刀，烤箱

▶【材料*2人份】◀鸡蛋6个，细砂糖110克，低筋面粉75克，牛奶50毫升，高筋面粉30克，咖啡粉、蛋糕油各10克，色拉油32毫升，泡打粉4克，香橙果酱适量

▶【做法】◀1.将鸡蛋、细砂糖、高筋面粉、低筋面粉、泡打粉、蛋糕油、牛奶、色拉油用电动搅拌器拌匀成面糊。2.取2/3面糊加入咖啡粉，用长柄刮板拌匀。3.将1/3面糊和拌好的2/3面糊分别倒入裱花袋中，用剪刀剪开小口。4.烤盘上铺烘培纸，以交错的方式挤入两种面糊，制成生坯。5.放入上下火170℃的烤箱中，烤15分钟。6.抹上香橙果酱，用木棍卷起后用蛋糕刀切分。

新手注意

从烤箱取出蛋糕后最好立即将蛋糕扣出，以防止蛋糕收缩。

其他蛋糕

在西点的世界里，蛋糕的品种千变万化，除了上面介绍的几款较为经典的蛋糕之外，还有许许多多的蛋糕会出现在你的视觉范围内，让你大饱眼福和口福。现在我们一起来继续享受其他款式的蛋糕所带来不一样的味道。

草莓拿破仑酥

▶ **工具** ◀ 小酥棍，模具，筛网，烤箱

▶ **材料*5人份** ◀ 高、低筋面粉各200克，盐20克，水适量，奶油、牛奶各280克，蛋黄40克，细砂糖63克，玉米淀粉13克，糖粉、香草粉、草莓各适量

▶ **做法** ◀ 1.奶油冻硬，用小酥棍敲打成四方形。2.高、低筋面粉、盐和水拌匀成团擀开，奶油放在中央，四周对折包起后擀开，折三折成千层派皮，入冰箱静置30分钟。3.取出派皮擀开，入烤箱以160℃烤30分钟；蛋黄、细砂糖、玉米粉、香草粉、牛奶拌匀成奶油馅；烤好的派皮用模具印出两片，垫入模具，倒一半的奶油馅，放草莓，再倒剩余的馅料，放另一片派皮盖好，入冰箱冷冻。4.用筛网过筛糖粉至蛋糕上即可。

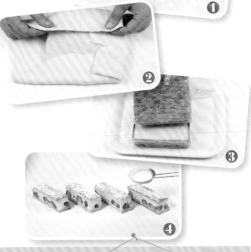

新手注意 烤好的派皮用模具套好，用锯齿刀裁下；如果是在气温较高的天气，千层派皮可以放入冰箱冷藏松弛。

蛋白奶油酥

▶【工具】▶电动搅拌器，烘焙纸，裱花袋，剪刀，烤箱

▶【材料*4人份】▶鸡蛋6个，盐、柠檬汁各适量，巧克力蛋糕坯1个，巧克力酱、巧克力碎、黑橄榄各少许，细砂糖180克

▶【做法】▶1.将鸡蛋蛋白与蛋黄分开，取出蛋白，加盐、柠檬汁、细砂糖搅匀，重复3次用电动搅拌器将蛋白打至干性发泡。取部分蛋白装入裱花袋中，用剪刀剪开一个小口。2.在烤盘上垫上烘焙纸，放上准备好的巧克力蛋糕坯，均匀抹上余下的蛋白，在蛋糕体周围撒上巧克力碎。3.用装蛋白的裱花袋在表面挤出花纹；将做好的生坯放入烤箱中，以120℃低温烤45分钟成蛋白奶油酥后，取出，挤上巧克力酱，并用黑橄榄装饰即可。

 蛋白奶油酥外表是松脆的，内里香甜耐嚼，吃的时候在顶部配上猕猴桃、西番莲或啤梨等，口感更好。

提拉米苏

▶【工具】▶电动搅拌器，方形模具，蛋糕刀，筛网，刷子

▶【材料*3人份】▶蛋黄45克，细砂糖50克，原味戚风蛋糕1个（做法详见P106），马斯卡彭奶酪250克，雀巢奶油200克，柠檬汁5毫升，可可粉6克，咖啡粉10克，吉利丁片1片，咖啡酒5毫升

▶【做法】▶1.将吉利丁片用凉水泡软；奶酪搅打松软，加柠檬汁拌匀。2.将蛋黄、细砂糖25克、吉利丁片混合拌匀。奶油和剩余细砂糖用电动搅拌器打出泡。3.奶酪、蛋黄和奶油混合拌匀成奶酪糊；咖啡粉加热水混匀，加入咖啡酒。4.原味戚风蛋糕用蛋糕刀平切成薄片，用方形模具按压成三方块，用刷子在三层方形蛋糕间刷上拌好的咖啡酒，倒奶酪糊冷藏后筛上可可粉。

 筛可可粉的时候要注意，一定要一点点少量地筛，这样才会均匀，才比较好看，不要贪多筛太厚。

花朵蛋糕

▶**工具**◀ 电动搅拌器，烘焙纸，模具，花嘴，裱花袋

▶**材料*4人份**◀ 鸡蛋2个，细砂糖115克，低筋面粉、蛋白各60克，生奶油15克，黄油215克，樱桃利口酒5毫升，食用色素少许，水30毫升，果酱适量

▶**做法**◀ 1.鸡蛋加细砂糖35克、黄油、生奶油、低筋面粉用电动搅拌器拌匀，倒入有烘焙纸的模具里，然后放入上下火170℃的烤箱中烤30分钟。2.水加细砂糖15克制成糖浆，另取碗倒入蛋白、细砂糖65克，用电动搅拌器打发加糖浆拌匀。3.加入黄油、利口酒、食用色素，拌均匀，要预留抹到蛋糕表面的分量。4.将烤好的蛋糕切成2片，涂上糖浆、黄油、果酱后，盖上另一片做成基础蛋糕；把奶油装到有花嘴的裱花袋里，并倾斜45度，在蛋糕表面挤上圆形贝壳模样的奶油。5.在烘焙纸上挤出花瓣模样的奶油，冷藏10分钟。6.将花瓣移至蛋糕上，再挤上奶油制成绿叶。

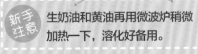

新手注意 生奶油和黄油再用微波炉稍微加热一下，溶化好备用。

勃朗峰蛋糕

▶【**工具**】电动搅拌器，筛网，烘焙纸，模具，裱花袋，烤箱

▶【**材料*4人份**】鸡蛋2个，细砂糖70克，制饼用大米粉40克，黄油15克，土豆奶油，土豆300克，生奶油150克，糖浆适量

▶【**做法**】1.打好鸡蛋后加细砂糖40克拌匀，用电动搅拌器打发至起泡，且泡泡舀起来时像缎带一样落下去即可。2.加入过了筛的大米粉拌匀后，加入加热好的黄油和生奶油，拌匀成团。3.面团盛到铺烘焙纸的模具里，放入预热到180℃的烤箱中烘烤15分钟左右，烤完取出冷却。4.把土豆煮熟捣烂后，加黄油和细砂糖拌匀，用筛子过滤。5.把生奶油的黏稠度打到70%，再加上土豆泥，装入套有勃朗峰奶油花器的裱花袋里。6.按杯子大小把蛋糕切好，涂上糖浆后，挤上一点生奶油，再加上一块蛋糕，涂上糖浆，挤满土豆奶油就完成了。

新手注意 大米粉要过筛2~3次；事先铺好烘焙纸到方形模具里。

 # 猕猴桃千层蛋糕

▌**工具**▌搅拌器，筛网，平底锅，蛋糕刀

▌**材料*2人份**▌牛奶375毫升，打发鲜奶油适量，低筋面粉150克，鸡蛋1个，黄油40克，色拉油10毫升，细砂糖25克，切好的奇异果适量

▌**做法**▌1.将牛奶、细砂糖倒入碗中，用搅拌器拌匀，倒入色拉油、鸡蛋、黄油，继续搅拌均匀，筛入低筋面粉，拌匀，制成面糊。2.平底锅烧热倒入适量的面糊，煎至起泡，翻面煎至熟成面皮，面皮放在盘子上，抹上打发鲜奶油，铺上奇异果片。3.依次叠上6块面皮，对面皮进行同样的处理，制成奇异果千层蛋糕。4.冷藏30分钟，取出后切成四等份。5.将其中两份切好的奇异果千层蛋糕装入盘中即可。

新手注意 在制作千层蛋糕时，刚煎好的面皮一定要放凉后才能抹上打发鲜奶油，否则鲜奶油容易溶化。

 # 千层蛋糕

▌**工具**▌搅拌器，筛网，平底锅，烘焙纸，蛋糕刀

▌**材料*2人份**▌牛奶375毫升，打发鲜奶油适量，低筋面粉150克，鸡蛋1个，黄油40克，色拉油10毫升，细砂糖25克

▌**做法**▌1.将牛奶、细砂糖、色拉油、鸡蛋、黄油、过筛的低筋面粉倒入碗中，用搅拌器搅拌均匀成面糊。2.面糊倒入平底锅中，煎至熟即可面皮。3.在操作台上铺上一张烘焙纸，将煎好的面皮倒在烘焙纸上，抹上打发鲜奶油。4.依次叠上煎好的面皮，并抹上打发鲜奶油，直至叠上10块面皮为止，制成千层蛋糕。5.把千层蛋糕用蛋糕刀对半切开，取其中一块，再对半切开，将切好的千层蛋糕装入盘中即可。

新手注意 煎面皮的时候一定要用小火来煎；每做完一张面皮一定要先将平底锅降温，再放入面糊煎另一张。

提子千层蛋糕

》【工具】《 搅拌器，筛网，平底锅，抹刀，蛋糕刀

》【材料*2人份】《 牛奶375毫升，打发鲜奶油适量，低筋面粉150克，鸡蛋1个，黄油40克，色拉油10毫升，细砂糖25克，切好的提子适量

》【做法】《 1.将牛奶、细砂糖倒入碗中用搅拌器拌匀，加色拉油、鸡蛋、黄油，搅拌均匀，将低筋面粉过筛至碗中拌匀，制成面糊。2.面糊倒入烧热的平底锅中，煎至熟即成面皮，冷却后再用抹刀抹上打发鲜奶油，铺上提子。3.依次叠上面皮，并抹上打发鲜奶油，铺上提子，直至叠上7块面皮为止，制成提子千层蛋糕。4.把提子千层蛋糕放入冰箱，冷藏30分钟，取出后用蛋糕刀对半切开，再把提子千层蛋糕装入盘中即可。

新手注意 煎熟后的面皮应该放置在架子上晾凉后再抹上打发鲜奶油，否则高温会使打发鲜奶油溶化。

香蕉千层蛋糕

》【工具】《 搅拌器，筛网，平底锅，抹刀，蛋糕刀

》【材料*2人份】《 牛奶375毫升，打发鲜奶油适量，低筋面粉150克，鸡蛋85克，黄油40克，色拉油10毫升，细砂糖25克，剥皮的香蕉2根

》【做法】《 1.香蕉切片，备用。2.将牛奶、细砂糖、色拉油、鸡蛋、黄油、过筛的低筋面粉倒入碗中，用搅拌器搅拌均匀成面糊。3.面糊倒入烧热的平底锅中，煎至熟即成面皮。冷却后，铺上香蕉片，再用抹刀抹上打发鲜奶油。4.依次叠上面皮，并放入香蕉，抹上打发鲜奶油，直至叠上7块面皮为止，制成香蕉千层蛋糕。5.把蛋糕冷藏30分钟，取出用蛋糕刀对半切开装入盘中即可。

新手注意 单纯的打发鲜奶油吃起来会觉得过于油腻，加入栗子酱，可改善奶油的味道和口感。

甜筒蛋糕

>】**工具**【搅拌器，电动搅拌器，裱花袋，剪刀，高温布，烤箱

>】**材料*3人份**【清水35毫升，蛋黄150克，低筋面粉120克，奶香粉2克，蛋白230克，细砂糖120克，塔塔粉2克，椰蓉适量，即溶吉士粉50克，鲜奶150毫升，柠檬果膏适量

>】**做法**【1.把清水、蛋黄混合用搅拌器拌匀，加入低筋面粉、奶香粉拌至无粉粒。2.把蛋白、塔塔粉、细砂糖混匀用电动搅拌器打至鸡尾状，加入步骤1中拌匀成蛋糕浆。3.装入裱花袋，用剪刀剪出一个小口，并挤在铺有高温布的钢丝网上，挤成由宽到窄的三角形状，在表面撒上椰蓉，入烤箱以170℃的温度烤约20分钟至熟，取出冷却，把冷却的糕体置于案台上。4.抹上柠檬果膏，卷成圆锥形，结口朝下；鲜奶加即溶吉士粉拌匀，挤入卷好的糕体内，装满即可。

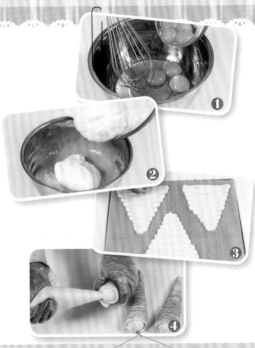

新手注意

蛋糕最好凉透后再卷起，否则易裂开；在本款蛋糕中加入蛋黄有助于使面糊更黏稠，口感更香浓。

金三角蛋糕

▶ **工具** ▶ 搅拌器，盘子，电动搅拌器，抹刀，蛋糕刀，烤箱

▶ **材料*6人份** ▶ 清水150毫升，色拉油150毫升，低筋面粉200克，吉士粉50克，粟粉50克，蛋黄300克，蛋白500克，细砂糖250克，塔塔粉6克，食盐3克，抹茶粉、可可粉、柠檬果膏各适量

▶ **做法** ▶ 1.把清水、色拉油、低筋面粉、吉士粉、粟粉拌匀后加入蛋黄用搅拌器拌至光亮。2.面糊分别倒在3个盘子内；其中两个分别加入抹茶粉、可可粉，拌匀备用。3.把蛋白、砂糖、塔塔粉、食盐倒在一起，用电动搅拌器先慢后快打至鸡尾状，分成均匀的3份，挤入备好的3份面糊中完全拌匀，分别倒入烤盘，抹至厚薄均匀。4.入炉以180℃的炉温烘烤23分钟，熟透后出炉冷却，把凉透的糕体用蛋糕刀分别切成同等宽长的条状，抹上柠檬果膏叠起，轻压后分成四方形，再分成三角形。

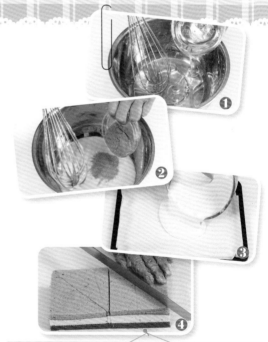

新手注意

为了避免蛋糕外皮烤得过老，可在饼坯的表皮烘烤成金黄色后取出，在面包表面裹上一层铝箔纸来隔温。

个性蛋糕

工具 电动搅拌器，筛网，模具，刷子，烤箱

材料*4人份 鸡蛋2个，细砂糖100克，低筋面粉65克，生奶油15克，黄油215克，蛋白60克，水25毫升，食用色素（蓝色、黑色）少许，果酱少许

做法 1.鸡蛋加细砂糖35克用电动搅拌器打发后，加入过了筛的低筋面粉，搅拌均匀；先把部分溶化好了的黄油15克和生奶油倒进去拌匀后，再全部倒进去，一起搅匀成面团。2.把黄油均匀地涂在模具里面后，倒入面团，放到烤箱里烤30分钟。3.把细砂糖60克和水25毫升倒锅里煮成糖浆；往蛋白里加细砂糖5克并打出泡泡后，加糖浆拌匀，再加黄油搅匀，就做成了黄油奶油，分成几小份，分别加入两种食用色素拌匀；将要用到蛋糕上的颜色染上去。4.用刷子将糖浆和黄油奶油、果酱涂在蛋糕上。5.用黄油画出卡通图。6.用做好的材料将花样画在蛋糕上即可。

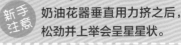

新手注意 奶油花器垂直用力挤之后，松劲并上举会呈星星状。

蜂巢蛋糕

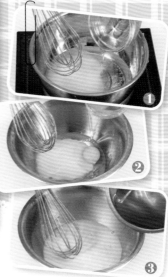

▶ **工具** ◀ 奶锅，搅拌器，滤网，锡纸模具，烤箱

▶ **材料*2人份** ◀ 清水190毫升，细砂糖150克，蜂蜜18克，炼奶112克，色拉油75毫升，鸡蛋3个，低筋面粉93克，食粉15克

▶ **做法** ◀ 1.把清水、细砂糖、蜂蜜倒在奶锅中，放到电磁炉上煮，边煮边用搅拌器搅匀至沸腾，冷却至50℃左右。 2.把炼奶、色拉油、鸡蛋装入容器中，用搅拌器混合拌匀。3.把步骤1慢慢倒入步骤2中，用搅拌器拌匀后用滤网过滤。 4.取步骤3的1/4装入另一个容器中，加入低筋面粉、食粉，用搅拌器拌至无粉粒。5.再把剩余的步骤3分次加入步骤4中拌均匀，静置半小时以上至完全凉透。6.倒入锡纸模内至八分满，入烤箱，以140℃的温度烤约30分钟，烤至完全熟透，取出冷却即可食用。

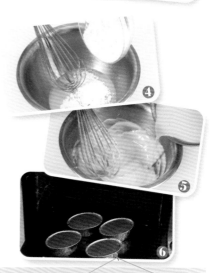

新手注意 只有等面糊完全凉透后才能放入锡纸模，再入烤箱烘烤。

 蔓樾莓蛋糕

▌工具▐ 搅拌器，电动搅拌器，蛋糕刀，抹刀，花嘴，裱花袋，模具，烤箱

▌材料*4人份▐ 蛋黄60克，蛋白140克，低筋面粉70克，玉米淀粉55克，泡打粉5克，水、色拉油各60毫升，细砂糖125克，打发鲜奶油200克，蔓越莓果酱40克

▌做法▐ 1.将低筋面粉、玉米淀粉和泡打粉2克过筛至有蛋黄的碗中，用搅拌器拌匀，再倒入水、色拉油、细砂糖28克拌匀；蛋白、细砂糖97克、泡打粉3克用电动搅拌器打至鸡尾状；将二者混匀成面糊。2.倒入模具入上下火170℃的烤箱，烤25分钟取出脱模。3.将蛋糕用蛋糕刀切成两块，用抹刀抹上鲜奶油，盖上另一块，再抹上鲜奶油。4.奶油装入有花嘴的裱花袋挤在蛋糕边缘，蔓越莓果酱倒在花纹中间。

新手注意
蛋白部分与蛋黄部分混合的顺序对蛋糕品质至关重要。

 猕猴桃蛋糕

▌工具▐ 筛网，蛋糕刀，抹刀，花嘴，裱花袋，筛子，模具，烤箱

▌材料*4人份▐ 蛋黄60克，蛋白140克，低筋面粉70克，玉米淀粉55克，泡打粉5克，水、色拉油各60毫升，细砂糖125克，猕猴桃果肉片、杏仁片、糖粉打发鲜奶油各适量

▌做法▐ 1.低筋面粉、玉米淀粉和泡打粉2克过筛至有蛋黄的碗中，用搅拌器拌匀，再倒入水、色拉油、细砂糖28克拌匀；蛋白、细砂糖97克、泡打粉3克用电动搅拌器打至鸡尾状；将二者混匀制成面糊。2.倒入模具中入上下火170℃的烤箱中，烤25分钟取出脱模。3.用蛋糕刀切成两块，用抹刀抹上鲜奶油，插杏仁片、猕猴桃片，挤上奶油花，筛上糖粉即可。

新手注意
如果条件许可，最好使用两台搅拌机将蛋白、蛋黄分开搅打。

金字塔蛋糕

▌【工具】▌ 筛网，电动搅拌器，模具，烤箱

▌【材料*5人份】▌ 色拉油、牛奶各60毫升，低筋面粉345克，鸡蛋10个，蛋黄30克，细砂糖500克，奶油霜100克，巧克力淋酱200克

▌【做法】▌ 1.色拉油加热至85℃左右，加入已过筛的低筋面粉45克拌匀。2.鸡蛋、细砂糖、蛋黄用电动搅拌器拌至浓稠状。3.将低筋面粉300克过筛两次倒入步骤2中加牛奶拌匀。4.面糊入模具中，入烤箱以上火190℃，下火150℃，烤25分钟。5.待凉后将蛋糕切成四片，中间抹上奶油霜，再将蛋糕层层重叠，对切成两个三角形，将两个三角型合成金字塔，抹上一层奶油霜，放入冷冻库冰冻一下再取出，最后淋上巧克力淋酱。

新手注意
烤箱在焙烤蛋糕之前，一定要先预热，这样烤出的蛋糕品质好。

法式巧克力蛋糕

▌【工具】▌ 搅拌器，电动搅拌器，长柄刮板，蛋糕刀，烤箱

▌【材料*3人份】▌ 可可粉25克，鲜奶油30克，牛奶60毫升，蛋白235克，蛋黄125克，黄油100克，细砂糖100克，食粉1.5克，塔塔粉2.5克，低筋面粉62克，黑巧克力液150克，黑巧克力碎适量

▌【做法】▌ 1.牛奶、黄油用奶锅加热，煮至黄油溶化关火，加鲜奶油、可可粉，用搅拌器拌匀，加食粉、低筋面粉、蛋黄、黑巧克力液拌匀成巧克力浆。2.蛋白、细砂糖、塔塔粉用电动搅拌器打六分发，加入巧克力浆用长柄刮板拌匀制成蛋糕浆。3.倒入烤盘入上火180℃，下火150℃预热过的烤箱，烤20分钟。4.取出后撒上黑巧克力碎，高温溶化后抹平，切方块后装盘。

新手注意
在制作蛋糕前，蛋白准备好后放置在冰箱冷藏室中保存备用。

地瓜丁蛋糕

❱ **工具** ❰ 保鲜膜，搅拌器，筛网，长柄刮板，圆形模具，微波炉，烤箱

❱ **材料*3人份** ❰ 黄油100克，低筋面粉150克，泡打粉3克，盐少许，鸡蛋2个，黄糖50克，白琼脂60克，地瓜150克，蜂蜜8克，香草提取物少许

❱ **做法** ❰ 1.切好的地瓜盛入碗里，盖上保鲜膜，微波炉里加热2分钟，完全熟透后，加蜂蜜拌匀。2.在另一个搅拌碗里把黄油打散，加黄糖用搅拌器拌匀。3.一点一点地倒入事先打好的鸡蛋，不要让鸡蛋和黄油分开来，一起搅拌均匀。加香草提取物和白琼脂搅拌均匀。4.把过了筛的低筋面粉、泡打粉和盐倒进去，用长柄刮板像切东西似的搅拌均匀。5.面粉搅拌得差不多的时候，把步骤1的地瓜加进去用长柄刮板切拌均匀成面团。6.把面团装到圆形模具里，放到预热至170℃的烤箱里，烘烤30～40分钟取出，脱模即可食用。

新手注意 白琼脂可用其他的琼脂或者捣烂的熟地瓜代替。

生奶油蛋糕

▶ **工具** 搅拌器，烘焙纸，模具，电动搅拌器，抹刀，裱花袋，剪刀，花嘴，烤箱

▶ **材料*3人份** 鸡蛋3个，细砂糖85克，低筋面粉90克，黄油15克，生奶油215克，开水30毫升，樱桃利口酒1/2小匙，猕猴桃、草莓、红莓各适量，开心果碎少许

▶ **做法** 1.打好的鸡蛋加细砂糖55克、过筛的低筋面粉用搅拌器拌匀。2.将步骤1中食材倒入装有黄油和生奶油15克的碗里搅匀，装入模具中放入预热到170℃的烤箱中，烤30分钟取出脱模待用。3.生奶油200克加细砂糖15克，用电动搅拌器打到70%的发泡状态。4.开水加细砂糖15克拌成糖浆，滴入樱桃利口酒拌匀；用蛋糕刀在切好的蛋糕上涂上糖浆、生奶油并放水果。5.涂上生奶油后按从侧面到表面的顺序用抹刀抹匀。6.生奶油装入有花嘴的裱花袋里，用剪刀剪出一个小口，沿边挤出奶油球做装饰。中间放上草莓，再撒上一些开心果碎就完成了。

新手注意 生奶油打好后应尽快地把奶油抹好，以免变硬发干。

提子哈雷蛋糕

工具 电动搅拌器，筛网，蛋糕纸杯，刷子，烤箱

材料*5人份 鸡蛋5个，低筋面粉250克，泡打粉5克，细砂糖250克，色拉油250毫升，提子干、蜂蜜各适量

做法 1.分别将鸡蛋、细砂糖倒入容器中，用电动搅拌器快速打发，至其呈乳白色。2.用筛网将低筋面粉、泡打粉过筛至容器中，用电动搅拌器打发均匀后加入色拉油，继续打发至浆糊状。3.将蛋糕纸杯放在烤盘上，将浆糊倒入杯中八分满，撒入提子干。4.将烤盘放入烤箱中，调成上火200℃，下火180℃，烤15~20分钟，至其呈金黄色。5.从烤箱中取出蛋糕。6.在蛋糕表面，用刷子刷上蜂蜜即可。

新手注意 提子干也可换成其他口味的水果干或坚果；鸡蛋和细砂糖搅拌至呈乳白色时，用手指勾起，蛋糊不会往下流。

瓦那蛋糕

工具 电动搅拌器，烘焙纸，刷子，蛋糕刀，烤箱

材料*3人份 鸡蛋5个，蛋黄10克，细砂糖180克，牛奶35毫升，低筋面粉145克，泡打粉1克，黄油150克，盐1克，蛋黄液15克

做法 1.将细砂糖、鸡蛋、黄油、蛋黄、泡打粉、盐、低筋面粉、牛奶倒入容器中，用电动搅拌器搅拌均匀成蛋糕浆。2.将蛋糕浆倒入垫有烘焙纸的烤盘中，抹平。3.放入上火170℃，下火130℃的烤箱内，烤20分钟至熟。4.取出后，用刷子在蛋糕上刷上蛋黄液，再入烤箱，烤5~6分钟。5.取出烤盘后撕去上面的烘焙纸，蛋糕翻面，用蛋糕刀切成长块状，装盘即可。

新手注意 选鸡蛋时，可用左手握成圆形，右手将蛋放在圆形末端，对着日光透射，新鲜的鸡蛋呈微红色，半透明状态。

香杏蛋糕

▶【工具】◀ 刷子，电动搅拌器，模具，烤箱

▶【材料*3人份】◀ 低筋面粉150克，高筋面粉少许，泡打粉3克，蜂蜜适量，鸡蛋3个，细砂糖110克，色拉油60毫升，杏仁片15克，溶化黄油60克

▶【做法】◀ 1.高筋面粉撒入刷有黄油的模具中。2.将鸡蛋、细砂糖、低筋面粉、剩余的高筋面粉、泡打粉拌匀，边倒入色拉油边用电动搅拌器打发成糊状，加入黄油同样拌匀成蛋糕浆。3.依次往模具内倒入蛋糕浆，至六分满，再撒入少许的杏仁片，将模具放入预热170℃的烤箱，烤20分钟至金黄色。4.从烤箱中取出烤盘，在烤好的蛋糕上，用刷子刷上蜂蜜，脱模后装入盘中即可。

新手注意 往模具刷上一层溶化黄油，再撒入少许的高筋面粉，可以防止蛋糕在烤制过程中烤糊，并且方便脱模。

重油蛋糕

▶【工具】◀ 电动搅拌器，筛网，模具，刷子，烤箱

▶【材料*2人份】◀ 鸡蛋5个，低筋面粉250克，泡打粉5克，细砂糖250克，色拉油250毫升，花生碎、蜂蜜各适量

▶【做法】◀ 1.分别将鸡蛋、细砂糖倒入容器中，用电动搅拌器快速拌匀，至其呈乳白色。2.用筛网将低筋面粉、泡打粉过筛至容器中，用电动搅拌器拌匀。3.加入色拉油，打发至浆糊状。4.把浆糊倒入模具中，约五分满即可，撒入适量花生碎。5.将烤盘放入烤箱中，调成上火180℃，下火200℃，烤20分钟，至其呈金黄色。6.从烤箱中取出烤好的蛋糕，将蛋糕脱模，装入盘中，用刷子在蛋糕表面均匀地刷上适量蜂蜜即可。

新手注意 在制作重油蛋糕时，细砂糖应该打匀，因为这样可以避免蛋糕在出炉后表面出现白色斑点。

杯状蛋糕

> **工具** 搅拌器，筛网，模具，烘焙纸，星星奶油花嘴，裱花袋，剪刀，烤箱

> **材料*2人份** 鸡蛋2个，低筋面粉80克，生奶油、黄油各230克，柠檬皮适量，利口酒5毫升，蛋白60克，细砂糖65克，水25毫升，食用色素、糖衣曲奇、食用银珠子各少许

> **做法** 1.鸡蛋打入碗内用搅拌器搅散，加细砂糖打出泡，倒入过了2~3次筛的低筋面粉和柠檬皮，拌匀成团。 2.步骤1的食材加溶化好的黄油30克和生奶油一起拌匀。 3.在模具里铺烘焙纸后装进面团，放到预热至170~180℃烤箱烤5分钟，烤完冷却。4.细砂糖和水高温煮成糖清，倒入蛋白中用搅拌器搅拌成糖浆至冷却。5.黄油200克打散加蛋清、利口酒，拌成黄油奶油，加一点食用色素，装入有星星奶油花嘴的裱花袋中，剪一个小口。6.蛋糕上涂好糖浆，绕圈挤上黄油。再撒上食用银珠子，插上糖衣曲奇。

新手注意 在制作这款蛋糕时，使用冷的生奶油，效果会更好。

西洋蛋糕

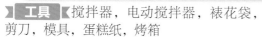

▶ **工具** ▸ 搅拌器，电动搅拌器，裱花袋，剪刀，模具，蛋糕纸，烤箱

▶ **材料*2人份** ▸ 清水50毫升，色拉油60毫升，低筋面粉90克，玉米淀粉12克，奶香粉2克，泡打粉1克，蛋黄90克，蛋白200克，细砂糖125克，塔塔粉3克，食盐1克

▶ **做法** ▸ 1.把清水、色拉油混合用搅拌器搅拌均匀，加入低筋面粉、玉米淀粉、奶香粉、泡打粉，搅拌至无颗粒状待用。2.加入蛋黄，用搅拌器快速搅拌均匀。3.将蛋白、细砂糖、塔塔粉、食盐，混合在一起，用电动搅拌器先中速打至细砂糖溶化，再转快速打至原体积的3倍。4.把步骤2分三次加入到步骤3中，用电动搅拌器快速搅拌均匀成蛋糕浆。5.将蛋糕浆装入裱花袋中，用剪刀剪开一个小口，将蛋糕浆挤入垫有蛋糕纸的模具中至九分满。6.在烤盘内加少许清水，放入烤箱，温度调成上下火150℃，烤40分钟，烤至金黄色完全熟透，取出脱模即可。

 新手注意 烘烤时注意底火不要过高，否则蛋糕易收缩。

黑森林蛋糕

▶ 工具 ◀ 蛋糕模，烘焙纸，搅拌器，电动搅拌器，烤箱

▶ 材料*2人份 ◀ 低筋面粉40克，玉米面粉5克，奶油50毫升，蛋白115克，蛋黄45克，黑巧克力屑20克，樱桃50克，可可粉50克，细砂糖110克，盐、樱桃汁、樱桃酒各适量

▶ 做法 ◀ 1.在蛋糕模子上铺上烘焙纸；将蛋黄、水、细砂糖、玉米面粉、低筋面粉、可可粉、樱桃汁、樱桃酒用搅拌器搅匀成面糊。2.蛋白加盐，用电动搅拌器打至发泡。3.将蛋白与面糊混合后倒入模具，放入150～170℃的烤箱，烤50分钟。4.樱桃片放在小蛋糕上，抹上奶油后撒黑巧克力屑，最后放上樱桃即可。

新手注意 泡樱桃的酒最好是樱桃酒，若是没有也可以用白兰地或朗姆酒来代替樱桃酒，泡好的樱桃味道也不错。

杏仁哈雷蛋糕

▶ 工具 ◀ 电动搅拌器，筛网，蛋糕纸杯，刷子，烤箱

▶ 材料*6人份 ◀ 鸡蛋5个，低筋面粉250克，泡打粉5克，细砂糖250克，色拉油250毫升，杏仁片、沙拉酱各适量

▶ 做法 ◀ 1.将鸡蛋、细砂糖倒入容器中，用电动搅拌器拌至其呈乳白色。2.将低筋面粉、泡打粉用筛网过筛至容器中，用电动搅拌器拌匀后加色拉油，打发至浆糊状。3.将浆糊倒入蛋糕纸杯中，至五分满即可，撒入适量杏仁片。4.将烤盘放入烤箱中，调成上火200℃，下火180℃，烤15分钟，至其呈金黄色。5.从烤箱中取出蛋糕，用刷子在蛋糕表面刷上适量沙拉酱即可。

新手注意 这款蛋糕的膨胀度很高，将浆糊倒入烤盘时只要倒五分满即可，以免影响外观。

安格拉斯蛋糕

▋工具▋ 搅拌器，蛋糕模，抹刀，蛋糕刀，筛网，纸牌，水锅

▋材料*3人份▋ 牛奶50克，香草粉少许，蛋黄20克，细砂糖18克，玉米淀粉2克，吉士粉2克，吉利丁片5克，打发鲜奶油90克，黑巧克力刨丝40克，水果、糖粉各适量

▋做法▋ 1.将牛奶、香草粉、蛋黄、糖、玉米淀粉拌匀，入水锅隔水加热，并用搅拌器迅速搅拌至浓稠。2.加入吉士粉，拌匀，再加入泡软的吉利丁片，拌至溶化。3.冷却后与打发鲜奶油一起拌匀，加入黑巧克力刨丝，拌匀成馅，挤入封好的垫有蛋糕片的模具中，用抹刀抹平，放入冰箱冷藏至凝固。4.取出脱模切块，放上水果，用筛网将糖粉过筛至蛋糕表面上，插上纸牌装饰即可。

新手注意 黑巧克力最好不要刨太碎，否则容易溶化。还有使用吉利丁片前，最好用清水浸泡片刻至其变软。

橙香金元宝蛋糕

▋工具▋ 电动搅拌器，蛋糕模，裱花袋，剪刀，竹签，烤箱

▋材料*4人份▋ 蛋白、蛋黄各125克，细砂糖150克，低筋面粉125克，吉士粉2克，泡打粉2克，蛋糕油12克，鲜奶25毫升，色拉油30毫升，新鲜橙汁10毫升，新鲜橙皮10克，黄油适量

▋做法▋ 1.把蛋白、细砂糖倒在一起，用电动搅拌器打发均匀。2.加入低筋面粉、吉士粉、泡打粉、蛋糕油，打发至原体积的3倍大。3.加入鲜奶、色拉油、橙汁、橙皮，打发均匀，倒入刷了黄油的模具内至八分满。4.把蛋黄拌匀成液，倒入裱花袋，用剪刀剪一个小口，挤在面糊表面上，用竹签随意划花纹，中间挤入一条黄油，入烤箱以150℃烤25分钟，取出脱模即可。

新手注意 橙汁、橙皮可以根据个人的口味来进行增减。还有烘烤蛋糕的时候，一定要控制好温度。

松仁蛋糕

▶ **工具** ▶ 勺子，电动搅拌器，筛网，锡纸，模具，抹刀，烤箱

▶ **材料*2人份** ▶ 无盐奶油100克，巧克力100克，可可脂25克，蛋黄150克，鸡蛋1个，细砂糖87克，软化糖酱12克，蛋白125克，低筋面粉45克，松仁100克，糖粉、干果各适量

▶ **做法** ▶ 1.将巧克力隔热水溶化，加入可可脂和无盐奶油用勺子拌至溶化。2.将蛋黄、鸡蛋和软化糖酱用电动搅拌器打发后与步骤1拌匀。3.将蛋白和细砂糖用电动搅拌器打发，再分次加入步骤2中拌匀。4.用筛网将低筋面粉过筛后和松仁混合加入步骤3拌匀成蛋糕浆。模具内放锡纸封好，倒入蛋糕浆至八分满，并用抹刀抹平。5.将模具放入烤箱，调上下火180℃，烤40分钟至熟，出炉冷却后脱模。6.筛上糖粉，放上干果装饰即可。

新手注意 制作蛋糕的糖常选蔗糖，以颗粒细密、颜色洁白为佳。

花篮蛋糕

▶ **工具** 抹刀，小夹子，刷子

▶ **材料*2人份** 原味戚风蛋糕1个，蓝莓、镜面果膏、防潮糖粉、打发鲜奶油、黑巧克力片、草莓各适量

▶ **做法** 1.用抹刀将打发鲜奶油均匀地抹在原味戚风蛋糕，然后在原味戚风蛋糕的侧面，围上条纹的黑巧克力片。2.在蛋糕体的表面上，用小夹子依次摆上草莓，直至摆满为止。3.在草莓之间，留有一些空隙，可以在这些空隙上，放上一些蓝莓等水果。4.把用巧克力做好的"桶柄"轻轻地粘合在蛋糕体旁边，然后再放上一个长条"桶柄"，粘好。5.在蛋糕表面的水果面上，用刷子刷上适量的镜面果膏，而且一定要抹均匀。6.最后在制好的蛋糕上，均匀地撒上适量的防潮糖粉，以便保证蛋糕的外观。

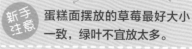

新手注意 蛋糕面摆放的草莓最好大小一致，绿叶不宜放太多。

 # 土豆球蛋糕

工具 叉子，搅拌器，筛网，长柄刮板，烤模，烤箱

材料*3人份 低筋面粉150克，黄油80克，细砂糖60克，鸡蛋1个，泡打粉3克，盐少许，牛奶15毫升，捣碎的土豆80克，土豆球7~8个

做法 1.将捣碎的土豆加牛奶拌匀。2.将黄油和细砂糖倒入碗里，用搅拌器搅拌至颜色变灰。3.倒入打好的鸡蛋，慢慢拌匀。4.把过筛了的低筋面粉、泡打粉和盐加进去，用长柄刮板拌匀后加入捣碎了的土豆。5.在烤模中装一半量的面团，放上土豆球，排成一列。6.把剩下的面团盖上去稍加整理，再放进预热到180℃的烤箱里，烤35分钟至熟取出。

柠檬马芬

工具 电动搅拌器，筛网，裱花袋，花嘴，剪刀，锡纸杯，烤箱

材料*3人份 糖粉100克，鸡蛋2个，黄油120克，泡打粉2克，低筋面粉120克，切碎的柠檬皮1/4个，打发鲜奶油适量

做法 1.将黄油、糖粉倒入碗中，用电动搅拌器打发，分两次加入鸡蛋继续打发，将低筋面粉、泡打粉一起过筛至碗中，打发均匀，放入柠檬皮碎，打发至糊状。2.将打发好的面糊装入裱花袋中，分别挤入锡纸杯内。3.把锡纸杯放入烤盘，再放入上火170℃，下火160℃的烤箱，烤20分钟至熟，取出烤盘。4.把打发鲜奶油装入有花嘴的裱花袋中，将烤好的柠檬马芬装入盘中，挤入适量的打发鲜奶油即可。

巧克力马芬蛋糕

】工具【 电动搅拌器，纸杯，裱花袋，剪刀，烤箱

】材料*5人份【 糖粉160克，鸡蛋4个，低筋面粉270克，牛奶40克，盐3克，泡打粉8克，溶化的黄油150克，可可粉8克

】做法【 1.将鸡蛋、糖粉、盐、黄油、过筛的低筋面粉和泡打粉倒入碗中，用电动搅拌器打发均匀。2.边打发边倒入牛奶，打发成面糊，加入可可粉，打发均匀。3.将面糊装入裱花袋中，把纸杯放入烤盘中，在裱花袋尖端部位剪开一个小口。4.往纸杯内，挤入面糊，至七分满，将烤盘放入上火190℃，下火170℃的烤箱，烤20分钟至熟。5.取出烤盘，再从烤盘中取出蛋糕即可。

新手注意

由于这款蛋糕中加了牛奶，所以蛋糕内心非常湿润。

马芬蛋糕

】工具【 电动搅拌器，筛网，纸杯，裱花袋，剪刀，烤箱

】材料*5人份【 糖粉160克，鸡蛋4个，低筋面粉270克，牛奶40毫升，盐3克，泡打粉8克，溶化的黄油150克

】做法【 1.将鸡蛋、糖粉、盐倒入碗中，用电动搅拌器，打发均匀。倒入溶化的黄油，打发均匀，将低筋面粉、泡打粉过筛至碗中，继续打发至均匀。2.边打发边倒入牛奶，打发成面糊。3.将面糊倒入裱花袋中，在尖端部分剪开一个小口。4.把纸杯放入烤盘中，往纸杯内挤入面糊至七分满，将烤盘放入上火190℃，下火170℃的烤箱，烤20分钟至熟。5.取出烤盘，从烤盘中取出蛋糕即可。

新手注意

可以在蛋糕中加入浸泡过朗姆酒的葡萄干，蛋糕味道会更好。

 # 抹茶马芬蛋糕

▶【工具】电动搅拌器，纸杯，裱花袋，剪刀，烤箱

▶【材料*5人份】糖粉160克，鸡蛋4个，低筋面粉270克，牛奶40克，盐3克，泡打粉8克，溶化的黄油150克，抹茶粉15克

▶【做法】1.将鸡蛋、糖粉、盐、黄油、过筛的低筋面粉、泡打粉倒入碗中，用电动搅拌器打发均匀。2.边打发边倒入牛奶、抹茶粉，快速打发成面糊，装入裱花袋中。3.把纸杯放入烤盘中，在裱花袋尖端部位剪开一个小口，往纸杯内，挤入适量的面糊，至七分满。4.将烤盘放入烤箱，温度调成上火190℃，下火170℃，烤20分钟至熟。5.取出烤盘，再从烤盘中取出蛋糕即可。

新手注意 玛芬蛋糕烘烤的温度需要高一点，这样可以保持组织的湿润，即便凉后也很松软，不至于干硬。

 # 樱桃马芬

▶【工具】电动搅拌器，筛网，裱花袋，剪刀，锡纸杯，花嘴，烤箱

▶【材料*5人份】糖粉100克，鸡蛋2个，黄油120克，泡打粉2克，低筋面粉120克，切碎的柠檬皮1/4个，打发鲜奶油适量，樱桃适量

▶【做法】1.将黄油倒入碗中，用电动搅拌器打发，倒入糖粉，打发均匀。先加入一个鸡蛋，打发匀，再加入另一个鸡蛋，继续打发。2.先将低筋面粉、泡打粉一起过筛至碗中，打发匀，放入柠檬皮碎，打发至糊状。3.装入裱花袋中，挤入锡纸杯内。4.放入上火170℃，下火160℃的烤箱，烤20分钟至熟。5.取出把蛋糕装入盘中，把奶油装入有花嘴的裱花袋中，用剪刀剪出小口，挤到蛋糕上，摆上樱桃即可。

新手注意 烤出来的马芬蛋糕松软湿润，不是只有樱桃口味，还可烤成其他口味，如蓝莓、蜂蜜、肉桂、巧克力等。

樱桃起司

▌**工具**▌蛋糕纸杯，电动搅拌器，烤箱

▌**材料*2人份**▌奶酪200克，细砂糖50克，鸡蛋2个，蛋黄15克，玉米淀粉10克，柠檬汁适量，鲜奶油25毫升，樱桃适量

▌**做法**▌1.将鸡蛋、蛋黄、细砂糖、奶酪倒入容器中，用电动搅拌器搅拌均匀。2.加入鲜奶油、玉米淀粉、柠檬汁到容器中，用电动搅拌器拌匀成蛋糕浆。3.将蛋糕纸杯放到烤盘中，蛋糕浆倒入蛋糕纸杯中至五分满。4.将樱桃去柄放到蛋糕浆上，烤箱调上火190℃，下火170℃预热。5.将烤盘放入预热好的烤箱中，烤15分钟至熟。6.烤好的蛋糕从烤箱中拿出即可。

新手注意 樱桃可以换作其他口感清新、颜色漂亮的水果，比如草莓、蓝莓等，做出来的芝士蛋糕都十分好吃。

 # 黄金乳酪

▌**工具**▌电动搅拌器，蛋糕纸杯，烤箱

▌**材料*2人份**▌奶酪200克，细砂糖100克，蛋白100克，酸奶60毫升，植物鲜奶油50毫升，玉米淀粉25克，朗姆酒适量

▌**做法**▌1.将蛋白、细砂糖倒入容器中，用电动搅拌器快速打发至起泡。2.奶酪倒入容器中，加入玉米淀粉、植物鲜奶油、酸奶，用电动搅拌器拌匀。3.加入朗姆酒拌匀成蛋糕浆；将蛋糕纸杯装入烤盘中。4.将蛋糕浆倒入蛋糕纸杯中至五分满，烤盘放入烤箱中。5.将烤箱调上火190℃，下火170℃，烤20分钟至熟，取出烤盘，烤好的蛋糕装盘即可。

新手注意 这款黄金乳酪蛋糕的组织会比较绵细有弹性，但是蛋糕也不至过于湿烂，吃起来口感非常好。

新手注意

这款蛋糕如果加馅，用打发的淡奶油和蛋黄奶油霜都很美味。

QQ雪卷

▌工具▐ 搅拌器，电动搅拌器，木棍，蛋糕刀，烤箱，平底锅

▌材料*3人份▐ 细砂糖155克，色拉油30毫升，水115毫升，低筋面粉130克，玉米淀粉15克，蛋黄65克，蛋白175克，塔塔粉2克，鸡蛋2个，黄油60克，果浆适量

▌做法▐ 1.将水40毫升、色拉油、细砂糖20克、低筋面粉70克、玉米淀粉、蛋黄用搅拌器拌匀；细砂糖75克、蛋白、塔塔粉，用电动搅拌器打发至鸡尾状，将二者混匀成蛋糕浆。2.倒入烤盘，放入上下火170℃的烤箱烤15分钟。3.细砂糖60克、鸡蛋、低筋面粉60克、黄油、水75毫升，拌匀成面糊。4.蛋糕抹匀果酱，用木棍将其卷起，再用刀切断。5.将面糊煎至金黄，蛋糕入锅卷起即可。

新手注意

将面糊装入模具后，可轻轻抖动几下，消除模具里面的气泡。

巧克力甜甜圈

▌工具▐ 搅拌器，电动搅拌器，模具，烤箱

▌材料*3人份▐ 黑巧克力液、白巧克力液各适量，蛋白80克，塔塔粉2克，细砂糖125克，蛋黄45克，色拉油30毫升，泡打粉2克，低筋面粉60克，玉米淀粉50克，清水30毫升，水果适量

▌做法▐ 1.将色拉油、细砂糖95克、清水、玉米淀粉、低筋面粉、蛋黄、泡打粉用搅拌器拌匀；蛋白、细砂糖30克、塔塔粉，用电动搅拌器打发至鸡尾状，将二者混匀呈糊状。2.将面糊倒入模具中，放入上下火170℃的烤箱中，烤20分钟。3.取出脱模后，依次将蛋糕底部切去，分别淋上白、黑巧克力液至蛋糕全身，之后再交叉淋上白、黑巧克力液，最后放上水果装饰即可。

Part 4
超人气香浓面包

花式百样的面包，无论是佐餐，还是作为小食点心，已经完完全全地融入到我们的日常生活中，即使天天吃也不会厌倦。虽然分类方法不同，但就整体的质地和口感而言，可以将面包分为软式面包、硬式面包两大类。

软式面包

为什么有那么多人喜爱吃软式面包呢？原来是被它外形所吸引，令人一见钟情，尤以内馅香甜，外皮酥软，更加地吸引人。这类面包因材料中使用到的柔软材料（如糖、油、蛋）比例较多，所以吃起来较柔软且风味独特。

🧁 番茄面包

▶ 工具 ◀ 长柄刮板，刮板，保鲜膜，小酥棍，刷子，烤箱

▶ 材料*3人份 ◀ 大米粉200克，橄榄油10毫升，细砂糖10克，快速活性干酵母4克，盐3克，小番茄、迷迭香、温水各适量

▶ 做法 ◀ 1.将大米粉、酵母、细砂糖、橄榄油、温水混合，加盐，用长柄刮板搅匀，揉成面团。2.将面团反复揉10~15分钟后，再用刮板分三份，铺上保鲜膜，发酵10分钟；备好番茄和迷迭香。3.用小酥棍把面团擀平，入烤盘，铺上保鲜膜，发酵40分钟。4.面团用刷子刷上橄榄油，压坑，放小番茄和迷迭香，放入烤盘，再入190~200℃的烤箱烤30分钟。

新手注意 若没有番茄或迷迭香，可以试着用别的食材替代，如用切好的蒜代替，面包的味道也相当不错。

巧克力槽子面包

》【工具】》 搅拌器，筛网，烤模，奶锅，烤箱

》【材料*2人份】》 蛋白60克，细砂糖30克，低筋面粉20克，可可粉2克，玉米淀粉3克，杏仁粉30克，黄油30克，溶化的黑巧克力30克，开心果少许

》【做法】》 1.用搅拌器把蛋白打散后，加入细砂糖用搅拌器搅拌均匀。2.加入低筋面粉、可可粉、玉米淀粉、杏仁粉，继续搅拌均匀，成面糊。3.倒入溶化的黑巧克力，用搅拌器搅拌均匀；把黄油放入奶锅，煮至变成褐色，用筛网过滤后，倒进面糊内，用搅拌器搅拌匀，揉成面团。4.把做好的面团填到备好的烤模里，再撒上备好的开心果，放到预热至190℃的烤箱里，烤15～20分钟即可食用。

新手注意

制作这款面包要使用低筋面粉，这种面粉做出的面包不膨发。

燕麦面包

》【工具】》 搅拌器，保鲜膜，蛋糕模具，刷子，烤箱

》【材料*2人份】》 高筋面粉160克，燕麦40克，细砂糖15克，黄油15克，快速活性干酵母3克，鸡蛋1个，牛奶100克，蔓越莓干40克，撒在表面的燕麦适量

》【做法】》 1.将蔓越莓干泡软，去水分。2.燕麦和高筋面粉、细砂糖、黄油、酵母、鸡蛋、牛奶用搅拌器拌匀，成面团，再加蔓越莓揉匀，入碗，盖上保鲜膜，发酵40分钟。3.发酵后，把面团分成3份，揉成球状，发酵10分钟。4.发酵结束后，再放到蛋糕模具中。5.用刷子将剩下的鸡蛋刷在表面，放到温暖的地方发酵40分钟。6.发酵好后，撒上燕麦，入190～200℃的烤箱烤15分钟后，脱模即可。

新手注意

牛奶不要一次倒完，留下5～10克，在面团发硬时加进去。

地瓜面包

▶ **工具** ◀ 勺子，刮板，保鲜膜，擀面杖，
筷子，烤箱

▶ **材料*4人份** ◀ 熟地瓜300克，蜂蜜20克，生
奶油1大匙，高筋面粉190克，紫色地瓜粉
10～15克，牛奶70克，黄油20克，快速活性
干酵母3克，盐2克，细砂糖20克

▶ **做法** ◀ 1.熟地瓜去皮，取肉，用勺子捣
烂，再加蜂蜜和生奶油和匀，成馅。2.高筋面
粉、紫色地瓜粉、酵母、盐、细砂糖、牛奶、
黄油混匀，揉成团，放入碗中，盖上保鲜膜，
放到温暖地方进行35～40分钟第一轮发酵。
3.用手把面团里的气体压出来，用刮板分成8
份，揉成球状，放到室温下进行10分钟左右
二次发酵。4.二次发酵结束后，用擀面杖把面
团擀开，把步骤1中做好的馅舀一勺放上去。
5.将面团捏成地瓜状，注意不要让馅漏出来，
用蘸了面粉的筷子在生坯上戳洞。6.放入烤盘
发酵40分钟后，放到预热至190℃烤箱，烤
20～25分钟即可。

新手
注意 地瓜可以提前用烤箱烤熟，
或用蒸笼蒸熟。

甜南瓜面包

▶ **工具** ◀ 保鲜膜，微波炉，蒸锅，叉子，棉布，松饼杯

▶ **材料*3人份** ◀ 高筋面粉75克，低筋面粉75克，快速活性干酵母3克，泡打粉3克，细砂糖20克，盐2克，黄油10克，蛋黄15克，甜南瓜70克，红豆30克

▶ **做法** ◀ 1.甜南瓜去皮切块，盛入耐热碗，盖上保鲜膜，放到微波炉里加热5分钟，然后用叉子捣烂。2.将高筋面粉、低筋面粉、酵母、泡打粉、细砂糖、盐、黄油、蛋黄混匀，揉成团，再加入冷却的甜南瓜，揉15分钟，加红豆和匀。3.面团放到碗里，发酵到原来的两倍大，再把面团分成7份，做成球状，发酵10分钟。4.再次一边把面团搓成球状，一边把里面的气体排出去，之后再把面团一个个装到松饼杯里。5.把松饼杯放到蒸锅里，盖上锅盖，进行40分钟的第二轮发酵。6.锅上先铺一层棉布，再盖上盖子，用大火蒸10～12分钟即可。

新手注意 在制作面包之前，红豆用糖和水煮熟备用。

番茄热狗丹麦面包

▶ **工具** ◀ 电动搅拌器，保鲜膜，擀面杖，量尺，刷子，刀，烤箱

▶ **材料*6人份** ◀ 高筋面粉425克，低筋面粉50克，细砂糖50克，酵母6克，改良剂2克，蛋黄25克，鲜奶40毫升，番茄汁180克，食盐8克，奶油35克，片状玛琪琳、热狗肠、芝士条各适量

▶ **做法** ◀ 1.将高筋面粉、低筋面粉、细砂糖、酵母、改良剂、蛋黄、鲜奶、番茄汁、食盐混合，用电动搅拌器拌为八九成面筋。2.将面筋用保鲜膜包好，冷冻30分钟，用擀面杖擀开，放250克片状玛琪琳、奶油后包好，再用擀面杖擀开，叠三层，再包保鲜膜，冷藏30分钟，反复3次。3.用量尺量出9厘米面块，用刀划下，再用刀从中间划开拉长，卷入热狗肠，发酵65分钟。4.用刷子刷上蛋液，再用刀从中间切开，放上芝士条，入上火190℃，下火160℃烤箱烤熟即可。

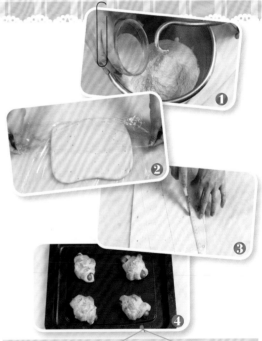

新手注意 在制作面包过程中，将热狗肠卷入面块中成形时，不要卷得太紧，以免饧发时面块表面出现断裂。

甘纳和风面包

▶【 **工具** 】搅拌器，裱花袋，剪刀，烤箱

▶【**材料*6人份**】高筋面粉500克，酵母5克，细砂糖100克，鸡蛋1个，奶粉20克，奶油65克，盐、蛋糕油、水各适量，糖粉、蛋白、低筋面粉各40克，抹茶粉7克，豆豉适量

▶【 **做法** 】1.将糖粉、奶油、蛋白、低筋面粉各取20克混匀，用搅拌器拌成奶油面糊；糖粉、蛋白、奶油、低筋面粉各取20克与抹茶粉、部分豆豉混合，用搅拌器拌成抹茶面糊；两种面糊分别装入裱花袋，用剪刀剪出小口。2.高筋面粉325克加酵母、水拌匀，发酵90分钟，再加细砂糖、鸡蛋和水拌至糖溶化。3.加入高筋面粉175克、奶粉、奶油、盐、蛋糕油拌匀，发酵20分钟成面团。4.将面团分成60克/个，滚圆，饧20分钟后压扁，包入剩余豆豉，发酵75分钟。面团挤上奶油面糊和抹茶面糊，放入烤箱，以上火185℃，下火160℃烤15分钟。

新手注意 在搅拌面糊时，两个面糊都不要搅拌起筋；抹茶粉是把绿茶采用瞬间粉碎法粉碎成绿茶粉末。

法国羊角面包

】**工具**【保鲜膜，擀面杖，烘焙纸，烤箱

】**材料*3人份**【高筋面粉250克，酵母10克，细砂糖、黄油、鸡蛋各适量，盐少许

】**做法**【1.酵母入温水溶解，与高筋面粉、细砂糖、鸡蛋、盐混合，揉成团，包保鲜膜，发酵至2~2.5倍大。2.再用擀面杖擀成面片，将少许黄油放在面片中间，再将两边的面片折过来，包起，然后擀平，再折起来，擀平，操作几次后入冰箱，静置2小时。4.取出面团，用擀面杖擀成大圆饼，切成12个扇形，然后从宽的地方朝尖尖的地方卷，尖朝下铺在垫着烘焙纸的烤盘里。5.再将做好的生坯发酵20分钟，刷上鸡蛋液，放入烤箱烤熟即可。

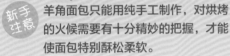

新手注意 羊角面包只能用纯手工制作，对烘烤的火候需要有十分精妙的把握，才能使面包特别酥松柔软。

橄榄面包

】**工具**【刮板，擀面杖，刀，烤箱

】**材料*4人份**【红糖粉30克，奶粉6克，蛋白、黄油各20克，水60毫升，改良剂1克，酵母3克，高筋面粉200克，细砂糖10克，盐2.5克，牛奶20毫升，焦糖4克，提子干适量

】**做法**【1.将酵母、奶粉、改良剂倒在装有高筋面粉的碗中，混匀，再倒在操作台上，用刮板开窝，把细砂糖、水40毫升倒在窝中，拌匀，放入红糖粉，用刮板拌匀。2.加入焦糖、20毫升水、牛奶、蛋白、盐拌匀。3.揉好，加黄油，按压，揉成团。4.取两个10克的面团，揉圆，擀平，底端压平，铺上提子干。5.再卷成橄榄形，发酵至2倍大，用刀在发酵好的生坯上划几道口子，放入烤盘。6.入烤箱190℃烤15分钟即可。

新手注意 用刀在发酵好的生坯上划几道口子后再放到烤箱里烘烤，那部分的面会裂开，样子很好看。

爆酱面包

▶【工具】 搅拌器，电子称，刷子，电动搅拌器，裱花袋，花嘴，烤箱

▶【材料*6人份】 高筋面粉500克，黄油370克，奶粉20克，细砂糖300克，盐5克，鸡蛋2个，水250毫升，酵母8克，蜂蜜适量，朗姆酒30毫升

▶【做法】 1.将100克细砂糖、200毫升水用搅拌器搅成糖水。2.高筋面粉、酵母、奶粉加糖水搅匀，压成形。3.加1个鸡蛋、70克黄油、盐揉成团，静置10分钟，用电子秤称取60克面团，搓圆，发酵40分钟后，放入烤盘，再入190℃的烤箱烤15分钟后，用刷子刷蜂蜜。4.将剩下的水和细砂糖煮化，加1个鸡蛋、黄油、朗姆酒，用电动搅拌器打发，装入有花嘴的裱花袋，用剪刀剪开一个小口，挤入面包内即可。

新手注意 在制作爆酱面包时，为了检验面团是否揉好，可取一小块面团，慢慢地将面团抻开，不破即可。

杂粮包

▶【工具】 刮板，烤箱

▶【材料*3人份】 高筋面粉150克，杂粮粉350克，鸡蛋1个，黄油70克，奶粉20克，水200毫升，细砂糖100克，盐5克，酵母8克

▶【做法】 1.将杂粮粉、高筋面粉、酵母、奶粉倒在操作台上混匀，用刮板开窝；将细砂糖、水倒入窝中，搅拌均匀。2.用刮板往窝中轻轻盖上四周的面粉，按压，并揉匀成光滑的面团，将面团稍稍压平，加入鸡蛋，并按压揉匀。3.加盐、黄油，按压揉成团，将面团分成60克一个的面团。4.取两个面团揉匀，放入烤盘，发酵90分钟。5.烤盘放入烤箱，温度调成上下火190℃，烤15分钟左右。6.将烤盘取出，烤好的面包装盘即可。

新手注意 和面的水温和饧发时间需根据季节而定，根据温度来调换和面的水温，但千万不能超过30℃。

西蓝花面包

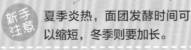

▶ **工具** ◀ 小刀，保鲜膜，小酥棍，模具，烤箱

▶ **材料*4人份** ◀ 低筋面粉200克，西蓝花50克，细砂糖15克，黄油15克，快速活性干酵母3克，盐2～3克，牛奶110克，填到面包表面的黄油少许

▶ **做法** ◀ 1.将西蓝花入加盐的沸水焯烫，过冷水后切碎。2.低筋面粉、细砂糖、酵母、盐、黄油、牛奶混匀，揉成团，再加西蓝花揉15分钟后揉成球状装到搅拌碗里，放到温暖的地方进行35～40分钟第一轮发酵。3.发酵结束后，压出面团里的气体，再分两份，搓球，铺上保鲜膜，发酵5～10分钟。4.发酵结束后，用小酥棍把面团擀开并揉好，把揉好的面团装到模具里。5.烤模放到塑料袋子里，发酵35～40分钟。6.在面团膨胀为原来的2倍后，用小刀在表面划一条长痕，然后在上面填少许黄油。最后放到预热至180～190℃的烤箱里，烤25～30分钟。

新手注意 夏季炎热，面团发酵时间可以缩短，冬季则要加长。

大米面包

▌ **工具** ▌长柄刮板，保鲜膜，方形模具，烤箱

▌**材料*5人份** ▌大米粉225克，牛奶150克，鸡蛋半个，黄油10克，细砂糖15克，盐少许，抹茶粉2克，可可粉6克，快速活性干酵母3克，水25毫升

▌**做法** ▌1.在备好的碗里加入大米粉，撒上快速活性干酵母和细砂糖，再加盐，用长柄刮板拌匀。2.加温牛奶后，把打好的鸡蛋加进去。3.把面和成一团后，加黄油大略地揉一下，放到案板上，揉到面团变得有韧性为止。4.将面团发酵10~15分钟后，分成大小均等的3份，其中1份加抹茶粉和10毫升水和匀，另1份则加可可粉、15毫升水和均匀。5.把3份面团分别揉成9个小球后，在上面铺上保鲜膜，放到室温下进行10分钟的二次发酵。6.将二次发酵好的面团装到方形模具里，再发酵40分钟，放到预热到190℃的烤箱，烘焙25~30分钟即可。

新手注意 在分好的面团里各加点水再和面，容易揉和。

花式水果面包圈

▶【工具】保鲜膜，擀面杖，天使蛋糕模具，刷子，烤箱

▶【材料*4人份】高筋面粉200克，牛奶105克，黄油25克，细砂糖20克，快速活性干酵母4克，盐2克，蛋黄1个，果脯（黄梅干、蔓越莓干、草莓干）65克

▶【做法】1.将高筋面粉、牛奶、黄油、细砂糖、快速活性干酵、盐、蛋黄混匀和成面团，揉10~15分钟后，把果脯放进去，再揉5分钟，把面团装到搅拌碗里，盖上保鲜膜，进行35~40分钟的第一轮发酵。2.发酵完，把它分成6份，在表面铺上保鲜膜，进行5~10分钟的二次发酵，然后用擀面杖擀平，在面皮的1/3处打折捏稳。3.再搓条，并打结，把面团装到天使蛋糕模具里面，发酵40分钟。4.待面团膨胀后，用刷子刷上牛奶，再适当撒上蔓越莓干，然后放入预热到190℃的烤箱中，烤25~30分钟，脱模即可。

新手注意 提前把牛奶和黄油放到室温下；若是把果脯放到朗姆酒里泡后再用，请稍微减少一点牛奶的分量。

咖啡奶香包

▶ **工具** ◀ 搅拌器，刮板，保鲜膜，电子称，面包杯，烤箱

▶ **材料*6人份** ◀ 高筋面粉500克，黄油70克，奶粉20克，细砂糖100克，盐5克，鸡蛋1个，水200毫升，酵母8克，咖啡粉5克，杏仁片适量

▶ **做法** ◀ 1.将细砂糖、水倒入容器中，用搅拌器搅拌至细砂糖全部溶化；高筋面粉、酵母、奶粉倒在操作台上，用刮板开窝，往窝中倒入溶化后的糖水，盖上面粉，搅拌并按压成形，加入鸡蛋，揉搓成面团。2.将面团拉平，倒入黄油、盐，揉匀，用保鲜膜将面团包好，静置10分钟，用电子秤称出每60克一个的小面团。3.面团加咖啡粉，按压揉匀，再用刮板分成4个面团揉匀，每个再分成4个均等的面团，并揉圆，放入面包杯，再入烤盘发酵90分钟。4.把杏仁片撒在发酵好的面包上，放入烤盘，入烤箱以190℃烤10分钟即可。

新手注意 若没有面包杯，可将整形好的圆形面团直接放在烤盘上发酵并烘焙；要使用纯的速溶咖啡粉。

红豆抹茶面包

【工具】 保鲜膜，擀面杖，模具，烤箱

【材料*4人份】 高筋面粉200克，牛奶125克，蜂蜜10克，黄油15克，细砂糖15克，盐2克，快速活性干酵母3克，红豆35克，抹茶粉3克，牛奶5毫升

【做法】 1.将高筋面粉、牛奶、蜂蜜、黄油、细砂糖、盐、酵母混合均匀，揉成团，分成2份；其中1份加抹茶粉和牛奶，做成抹茶面团。2.两个面团分别盖上保鲜膜，发酵40分钟。3.将面团揉成球，包上保鲜膜，再发酵10分钟。4.用擀面杖把原味面团擀成面皮，撒上红豆。5.把抹茶面团擀成同样大小的面皮，铺在原味面皮上，撒上剩下红豆。6.两层面皮卷起，入模具发酵，然后入180℃烤箱烤30分钟即可。

新手注意
和抹茶面团用的牛奶和抹茶粉是另外放的，先放在一边。

酥皮板栗面包

【工具】 长柄刮板，保鲜膜，擀面杖，模具，刷子，烤箱

【材料*3人份】 高筋面粉200克，鸡蛋1个，蜂蜜20克、黄油90克，水、盐适量，细砂糖15克，干酵母各3克，板栗罐头100克，细砂糖30克，杏仁粉25克，低筋面粉50克

【做法】 1.将35克黄油加糖、杏仁粉、低筋面粉和盐用刮板拌匀，制成酥皮，包上保鲜膜后入冰箱冷藏。2.高筋面粉、鸡蛋、蜂蜜、黄油、水、细砂糖、酵母混匀和成团，发酵40分钟，揉成球状后包上保鲜膜发酵10分钟。3.面团用擀面杖擀出与模具相配的大小，撒板栗后卷起。4.入模具，二次发酵40分钟。5.用刷子将鸡蛋搅成液，刷在面团上，撒酥皮，入烤箱以180℃烤25分钟。

新手注意
板栗用板栗罐头或是把生板栗去皮后加糖煮好备用。

苹果面包

▶【工具】◀ 刀，擀面杖，烤箱

▶【材料*4人份】◀ 苹果馅：苹果2个，黄糖30克，柠檬汁3毫升，肉桂粉3克；面团：高筋面粉200克，鸡蛋1个，牛奶60~65克，细砂糖20克，黄油20克，快速活性干酵母3克，盐2克；鸡蛋液：蛋黄15克，水、肉桂棒适量

▶【做法】◀ 1.苹果切块加黄糖和柠檬汁煮干，加肉桂粉拌匀成馅；蛋黄加水拌成蛋液。2.高筋面粉、酵母、细砂糖、鸡蛋、牛奶、黄油、盐混匀和成团后发酵35分钟，用刀将其分成5份，搓成球状，包上保鲜膜，发酵10分钟。3.面团用擀面杖擀开，去除气体，加苹果馅。4.把面皮捏起，搓圆后发酵40分钟。5.中间戳坑，插肉桂棒，涂上鸡蛋液后放入烤盘再入190℃烤箱烤25分钟。

新手注意

在制作这款面包时，若没有牛奶，可以用苹果汁或水来代替。

胡萝卜百吉卷

▶【工具】◀ 保鲜膜，擀面杖，烘焙纸，烤箱

▶【材料*4人份】◀ 高筋面粉200克，轧好的胡萝卜90克，细砂糖15克，快速活性干酵母2克，盐2克，牛奶55~60毫升，葡萄籽油15毫升，水1000毫升，蜂蜜10克

▶【做法】◀ 1.高筋面粉、细砂糖、酵母、盐、胡萝卜、牛奶和葡萄籽油，拌匀揉团。2.将面团包上保鲜膜，发酵40分钟。3.将面团分成4份，揉成球状，包上保鲜膜，发酵10分钟。4.用擀面杖擀开面团，在1/3处折叠，与另一边接起，搓条后做成甜甜圈的模样。5.烘焙纸剪好，放上面团，发酵20分钟。6.沸水锅加蜂蜜拌匀，下面团，焯30秒捞起，入190℃的烤箱烤20分钟。

新手注意

面包经过两次发酵之后，可使成品具有绝佳的麦香味。

香芹卷

▶ **工具** ◀ 搅拌器，刮板，刷子，保鲜膜，擀面杖，烤箱

▶ **材料*4人份** ◀ 高筋面粉200克，脱脂奶粉5克，香芹粉3克，细砂糖15克，盐2克，黄油5克，快速活性干酵母3克，水125毫升

▶ **做法** ◀ 1.高筋面粉和香芹粉中加入酵母、奶粉、细砂糖、盐、水用搅拌器拌至结团后再加软的黄油和匀，揉15分钟。2.碗壁用刷子刷上黄油，放入圆面团，盖上保鲜膜，发酵40分钟，压出面团里的气体后，用刮板分好团。3.分好的面团底部用手拢起，做成圆球，盖上保鲜膜，发酵10分钟，然后用擀面杖擀平，搓成长条状。4.长条状的面团交叉叠起，短边往底部折，再从窟窿里拉出，做成纽扣的形状，再与另一边的面团搭起来收尾，发酵40分钟，放入烤盘，再入190℃的烤箱烤15分钟即可。

新手注意 因温度的不同，用相同的方法做出来的面团，韧性也会有差别，因此请注意加减水的量。

情丝面包

▶【**工具**】刮板，保鲜膜，小酥棍，刀，烤箱

▶【**材料*5人份**】高筋面粉420克，黄油55克，奶粉22克，细砂糖100克，盐6克，鸡蛋2个，水188毫升，酵母9克，低筋面粉30克，片状酥油70克

▶【**做法**】1.50克细砂糖加水拌匀成糖水；250克高筋面粉用刮板开窝，加入4克酵母、10克奶粉、糖水、1个鸡蛋混合，揉成团。2.再加入35克黄油、3克盐，揉匀，盖上保鲜膜静置10分钟后，压平，卷成橄榄形面团。3.将剩余高筋面粉、低筋面粉、细砂糖、黄油、奶粉、盐、酵母、水、鸡蛋拌匀揉成丹麦面团。4.取片状酥油，用小酥棍擀薄；面团擀成面皮，放入酥油片，折叠，擀平，放入冰箱冷藏10分钟，取出用小酥棍擀平，此操作重复两遍，再把丹麦面皮用刀切成4份，放到步骤1面团上，发酵后入190℃的烤箱烤15分钟即可。

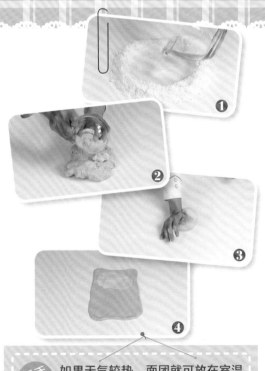

新手注意　如果天气较热，面团就可放在室温下发酵；如果天气较冷，就要找一个相对温暖的环境来发酵面团。

红酒面包

工具 奶锅，保鲜膜，模具，烤箱

材料*2人份 高筋面粉200克，细砂糖20克，黄油20克，脱脂奶粉8克，盐2克，快速活性干酵母4克，温水30毫升，红酒180毫升，蓝莓干45克

做法 1.把红酒倒进奶锅里，用中火煮开，把酒精挥发掉。煮到剩下原来的一半时关火冷却。2.把冷却后的红酒与高筋面粉、细砂糖、黄油、脱脂奶粉、盐、酵母、温水倒在一起揉，面和到差不多时，放入蓝莓干。3.面和好后，把面团装到碗里，盖上保鲜膜以免变干。放到适中的温度下，进行40分钟左右的第一轮发酵。4.面团膨胀到2倍大小时，第一轮发酵结束。5.把面团分成均等的4份，做成球状后，进行5~10分钟的二次发酵。6.再做成球并装到模具里，进行40分钟的第二轮发酵，放到预热至200℃的烤箱里，烘焙15分钟即可。

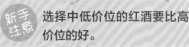

新手注意 选择中低价位的红酒要比高价位的好。

玉米面包

> **工具** 保鲜膜，擀面杖，模具，裱花袋，剪刀，烤箱

> **材料*2人份** 高筋面粉200克，黄油20克，蛋黄25克，牛奶90～100毫升，细砂糖20克，盐2克，罐装玉米130～150克，蛋黄酱30～40克，快速活性干酵母3克

> **做法** 1.将高筋面粉、黄油、蛋黄、牛奶、细砂糖、盐、酵母混合拌匀揉成团，盖上保鲜膜，发酵35～40分钟。2.用手把面团里的气体压出来。3.将面团分成5～6份，做成球状，在上面盖上保鲜膜防止干燥，进行5～10分钟的二次发酵。4.去除水分的玉米粒和蛋黄酱拌匀；用擀面杖把面团擀平，把里面的气体压出。5.模具中装上擀平的面皮，把玉米粒撒在上面，再放到温暖地方发酵40分钟。6.把蛋黄酱装到裱花袋里，用剪刀剪出一个小口，在面皮上挤上"之"字形的蛋黄酱，再放入预热到180～190℃烤箱中，烘焙25～30分钟即可。

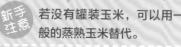

新手注意 若没有罐装玉米，可以用一般的蒸熟玉米替代。

不要把面团搅拌过度；在用手揉搓面团时，可以在手指上涂高筋面粉，这样面团就不会粘手了。

咖啡面包

工具 擀面杖，模具，刷子，烤箱

材料*5人份 高筋面粉375克，细砂糖75克，清水190毫升，奶油25克，酵母4克，鸡蛋1个，淡奶35克，改良剂2.5克，咖啡粉5克，食盐4克

做法 1.细砂糖加清水拌匀成糖水；将高筋面粉、奶油、糖水、酵母、鸡蛋、淡奶、改良剂、食盐、咖啡粉混合，拌匀至面筋扩展。2.将面团在温度31℃，湿度75%的环境中饧25分钟。3.饧好的面团分成小面团，再滚圆饧20分钟。4.松弛好的小面团，用擀面杖擀开排气，卷成形，放入模具。5.入烤盘饧发85分钟，温度38℃，湿度75%，用刷子刷上鸡蛋液。6.放入烤箱烘烤15分钟，温度上火185℃，下火190℃,烤至熟即可。

竹炭粉不宜多吃，所以可更换成其他的粉来替代；不要吃刚出炉的面包，因为其中所含的乳酸和醋酸会伤胃。

竹炭餐包

工具 搅拌器，保鲜膜，刮板，烤箱

材料*5人份 高筋面粉500克，黄油70克，奶粉20克，细砂糖100克，盐5克，鸡蛋1个，水200毫升，酵母8克，竹炭粉3克，白芝麻适量

做法 1.细砂糖和水用搅拌器拌匀成糖水。2.将高筋面粉、酵母、奶粉混匀，倒在操作台上，用刮板开窝，倒入糖水，盖上面粉，加入鸡蛋，揉搓成面团。3.拉平面团，加入黄油、盐，揉光滑，盖上保鲜膜，静置10分钟。4.取1个面团，先加竹炭粉，揉搓成团，用刮板将面团分成均等的小面团，搓圆成面包生坯，放入烤盘，发酵90分钟后撒上白芝麻。5.烤盘入上下火190℃的烤箱，烤15分钟至熟，取出烤盘即可。

红茶面包棒

▶【工具】◀ 长柄刮板，保鲜膜，擀面杖，刀，烤箱

▶【材料*3人份】◀ 高筋面粉150克，快速活性干酵母2克，红茶包3克，细砂糖20克，黄油20克，盐1克，牛奶90毫升

▶【做法】◀ 1.高筋面粉、红茶、细砂糖、酵母、盐和牛奶混合，用长柄刮板搅匀。2.面结成团后，加黄油和匀，揉10～15分钟。3.面和好后，做成球状，盖上保鲜膜，发酵35～40分钟。4.面团膨胀后，压出气体和成球状，盖保鲜膜，再发酵10分钟。5.发酵完后，用擀面杖把面团擀开，用刀的刀把面皮切成长条，制成生坯。6.将生坯移入烤盘，盖上保鲜膜，发酵40分钟，放入180℃的烤箱中，烤20分钟左右。

新手注意 在制作这款面包的过程中用到的红茶应选用伯爵红茶，用其他红茶的话，烘焙过后，香味很容易就会没有了。

芝麻百吉卷

▶【工具】◀ 保鲜膜，擀面杖，烘焙纸，烤箱

▶【材料*3人份】◀ 高筋面粉200克，芝麻（黑芝麻）30克，黄糖15克，快速活性干酵母2克，盐2克，水130毫升；焯面团用的材料：水1000毫升，蜂蜜2小匙

▶【做法】◀ 1.黄糖加水拌匀成糖水；高筋面粉、糖水、酵母、盐混合，拌匀揉成面团；加入芝麻，揉匀后发酵40分钟。2.发酵好后，分成4份，滚成球，盖上保鲜膜后，发酵5～10分钟。3.用擀面杖擀开，压出气体，在1/3处折叠，与另一边接起来，搓成条，做成甜甜圈的模样。4.把烘焙纸剪好，放上面团，发酵20分钟。5.沸水中加蜂蜜拌匀，放入包了烘焙纸的面团焯30秒。6.捞起后放进190℃的烤箱，烤20分钟。

新手注意 百吉卷的口感和其他面包不同是因为它经过了用水焯的这一过程，焯过后的面团再进烤箱中烤制。

沙拉棒

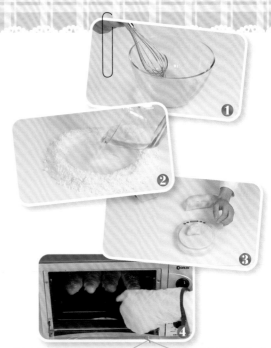

▌ **工具** ▌刮板，保鲜膜，电子称，擀面杖，烤箱

▌ **材料*4人份** ▌高筋面粉500克，黄油70克，奶粉20克，细砂糖100克，盐5克，鸡蛋1个，水200毫升，酵母8克，沙拉酱适量，白芝麻少许

▌ **做法** ▌1.将细砂糖、水倒入容器中，搅拌匀即可糖水。2.高筋面粉、酵母、奶粉倒在操作台上，用刮板开窝，倒入糖水，盖上粉末，按压成形；加入鸡蛋，揉成团，再拉平；再往中间倒黄油，揉匀，倒入盐搓成光滑面团；用保鲜膜包好，静置10分钟饧面。3.用电子秤称出60克一个的小面团，擀薄，卷起呈长棒形状，放入烤盘发酵；发酵好后横向划上沙拉酱，撒上白芝麻，入烤箱以上下火190℃烤15分钟至熟。4.从烤箱中取出烤盘，将烤好的沙拉棒装入盘中即可。

新手注意 制作沙拉棒时，做好的面团先用保鲜膜包好，然后饧面，这样烘烤出来的面包，口感才会更好。

大米麻花甜甜圈

▶【**工具**】▶保鲜膜，长柄刮板，塑料袋，烤箱

▶【**材料*3人份**】▶制饼用大米粉200克，牛奶160克，葡萄籽油10克，细砂糖15克，快速活性干酵母4克，盐3克，撒在表面的糖、肉桂粉各适量

▶【**做法**】▶1.将大米粉、细砂糖和快速活性干酵母放入搅拌碗中，盐放在另一端，搅拌均匀后，加温牛奶和葡萄籽油。2.用长柄刮板拌匀，再把面和成一团，揉10~15分钟，用刮板把面分成9份，盖上保鲜膜，发酵10分钟，再把面搓成20厘米长的长条，拧成麻花的形状。3.把拧好的面团放到烤盘上，进行40分钟的发酵后，放到预热至190℃的烤箱中，烤25~30分钟。4.把糖和肉桂粉装入塑料袋，把烤好的麻花面包圈放进去摇一摇，使糖和肉桂粉均匀粘在上面即可食用。

新手注意 可用圆形甜甜圈的样子替代麻花的模样，在中间发酵完后，把面团擀宽一些，用甜甜圈模具压出形状。

新手注意 在制作吐司过程中也可以不切去吐司的边，因为吐司边煎制后酥脆可口，也是非常美味的。

法式吐司

工具 刀，搅拌器，刷子，平底锅

材料*1人份 吐司2片，鸡蛋1个，牛奶60克，奶油少许

做法 1.取出备好的吐司，将吐司不整齐的部位用刀切去，再将每片吐司沿着对角线，切成4个大小均等的小三角形；将鸡蛋打入洗净的碗中，用搅拌器慢慢地打散，加入适量的牛奶，搅拌均匀，即可蛋汁，备用。2.平底锅置于火炉上，用大火烧热，然后放入适量的奶油，改用小火，慢慢地加热至奶油溶化；用刷子将吐司两面均匀地刷上少许的蛋汁，把沾上蛋汁的吐司再次放到平底锅中，用小火将吐司的两面煎成金黄色，起锅后装入备好的盘中，趁热食用即可。

新手注意 苹果洗切后放入冰盐水中浸泡是为了防止苹果氧化变成棕褐色，也可以将洗切好的苹果放入柠檬汁中防氧化。

草莓吐司

工具 小刀，搅拌器，平底锅，烤箱

材料*2人份 方面包4片，草莓酱20克，苹果1个，牛油、冰盐水各适量

做法 1.将苹果洗干净，再用小刀将苹果切成蝴蝶的形状，摆入盘中。2.将处理好的苹果放入调好的冰盐水中，浸泡一会儿。3.用小刀在面包上面轻轻地画出十字形状，然后再均匀地抹上一层牛油。4.将烤箱事先预热好，再放入抹好牛油的面包，烘烤2分钟左右，至吐司散发出香味，取出烤好的吐司，装入备好的盘中，按个人喜好加入适量的草莓酱，即可食用。

芝士吐司卷

▶【工具】刀，牙签

▶【材料*1人份】白吐司3片，芝士条3条，海苔松、美乃滋各5克

▶【做法】1.用刀将白吐司片不整齐的部分切去；将芝士条作为芝士吐司卷的馅，放到切好的白吐司片上，再将白吐司由内向外慢慢的卷起，使其成筒状，然后再用刀将卷好的白吐司卷从中间对切为二份。2.将牙签用清水洗干净，然后插入到切开的芝士吐司卷上，将其固定，先沾上适量的美乃滋，再按照个人喜好，加入适量的海苔松，即成芝士吐司卷，趁热享用即可。

新手注意 在固定吐司卷时，若1根牙签不能将吐司卷固定住，可以选择在吐司卷的头尾各插一根牙签。

加州吐司

▶【工具】搅拌器，刮板，保鲜膜，吐司模，刷子，擀面杖，烤箱

▶【材料*2人份】高筋面粉500克，黄油70克，奶粉20克，细砂糖100克，盐5克，鸡蛋1个，水200毫升，酵母8克，朗姆酒10毫升，葡萄干20克，蜂蜜各适量

▶【做法】1.将细砂糖、水用搅拌器拌匀成糖水；高筋面粉、酵母、奶粉倒在操作台上，用刮板开窝，倒入糖水、鸡蛋揉成团。2.将面团拉平，倒入黄油、盐，揉成光滑面团，用保鲜膜包好饧面。3.从面团中取一个350克面团。4.葡萄干用朗姆酒浸泡5分钟。5.用擀面杖将面团擀平，放入泡发的葡萄干并铺平，卷起后入吐司模，发酵90分钟，入烤箱以上火160℃，下火220℃烤25分钟。6.取出脱模后装盘，刷上蜂蜜即可。

新手注意 将揉成光滑的面团，用保鲜膜包好，放置一边饧面10分钟，这样使面团更有韧性。

 # 菠萝包

▌**工具**▌刮板，擀面杖，刷子，竹签，烤箱

▌**材料*3人份**▌高筋面粉500克，黄油107克，奶粉20克，细砂糖200克，盐5克，鸡蛋1个，蛋黄液50克，水215毫升，酵母8克，低筋面粉125克，泡打粉2克

▌**做法**▌1.将细砂糖100克、水200毫升用搅拌器拌匀成糖水；高筋面粉、酵母、奶粉倒在操作台上，用刮板开窝，倒入糖水、鸡蛋揉匀成面团。2.面团拉平，倒入黄油70克、盐揉匀。3.将面团分成每60克一个小面团，搓圆，入烤盘发酵90分钟。4.低筋粉倒在操作台上开窝，倒入水15毫升、细砂糖100克、黄油37克揉成面团。5.取适量面团，用擀面杖擀薄，放在发酵好的面团上，刷蛋黄液，用竹签划十字花形，入烤箱以上下火190℃烤15分钟即可。

 # 牛角包

▌**工具**▌刮板，擀面杖，刀，烤箱

▌**材料*1人份**▌高筋面粉500克，黄油70克，奶粉20克，细砂糖100克，盐5克，鸡蛋1个，水200毫升，酵母8克，白芝麻少许

▌**做法**▌1.细砂糖、水用搅拌器拌匀成糖水；高筋面粉、酵母、奶粉倒在操作台上，用刮板开窝，倒入糖水、鸡蛋揉成团。2.面团拉平，倒入黄油、盐，揉成光滑面团。3.将面团分成每60克一个小面团，搓圆，用擀面杖将面皮一边擀薄，另一边不动。4.在面皮前端，用刀从中间切个小口，慢慢地折叠过来，搓成长条，把头、尾部分连起来，围成一个圆圈，制成牛角包生坯，放入烤盘，自然发酵90分钟。5.撒上白芝麻，入烤箱以190℃烤15分钟即可。

美国甜甜圈

▶ 工具 ◀ 搅拌器，擀面杖，甜甜圈模具，锅

▶ 材料*5人份 ◀ 植物油适量，高筋面粉300克，细砂糖30克，酵母9克，蛋黄20克，黄油30克，糖粉6克，牛奶130毫升，盐2克

▶ 做法 ◀ 1.高筋面粉、细砂糖、酵母、盐、糖粉、牛奶和水同入容器中。2.用搅拌器搅拌光滑后，加入黄油，继续搅拌至扩展阶段，发酵1小时。3.将面团揉至光滑，排除面团中的空气，松弛15分钟后用擀面杖擀成厚约1厘米的片状。4.用甜甜圈模具按压面团，再沾上高筋面粉，将生坯发酵至2倍大。5.热锅注油，烧至七八成热，放入生坯以中小火炸1.5～2分钟，捞出沥油。6.凉后再撒上糖粉即可。

新手注意

甜甜圈上可以加上一些干果，如花生碎，味道会更好。

奶油面包

▶ 工具 ◀ 搅拌器，刮板，保鲜膜，擀面杖，白纸，齿轮刀，刷子，烤箱

▶ 材料*1人份 ◀ 高筋面粉500克，黄油70克，奶粉20克，细砂糖100克，盐5克，鸡蛋1个，水200毫升，酵母8克，蜂蜜、椰丝、打发鲜奶油各适量

▶ 做法 ◀ 1.细砂糖、水用搅拌器拌匀成糖水；高筋面粉、酵母、奶粉倒在操作台上，用刮板开窝，倒入糖水、鸡蛋揉成团。2.面团拉平，倒入黄油、盐，揉成光滑面团，用保鲜膜包好饧面10分钟。3.将面团分成每60克一个小面团，搓圆，用擀面杖擀平，横向卷起，放入烤盘发酵90分钟，再入烤箱以190℃烤15分钟。4.取出放在白纸上，用齿轮刀在面包中间切一刀，刷上蜂蜜，沾上椰丝。5.在面团被切开的部位，挤入打发鲜奶油即可。

新手注意

用齿轮刀在面包中间横向切一刀的时候，切记不能切断。

硬式面包

在欧洲国家里，人们经常把面包当成主食，特别偏爱充满咬劲的"硬面包"，表皮松脆芳香，内部柔软又具韧性，还有一股浓郁的麦香，愈嚼愈有味道。这类面包常用于正餐或制成三文治，也可涂抹奶油或蘸酱汁食用。

意式烤面包

工具 刀，烤箱，木勺子

材料*2人份 法国面包1条，薄荷叶、青椒、红色甜椒、黄色甜椒、洋葱各适量，香菜粉、橄榄油、柠檬汁、盐、白胡椒粉各适量，奶油20克，捣碎大蒜5克，捣碎香菜粉5克

做法 1.用刀将面包切成均匀地片；再将奶油、捣碎的大蒜和香菜粉用木勺子搅拌均匀，制作成香蒜奶油。2.将切好的面包片涂上香蒜奶油后，放入烤箱以190℃烘烤约5~8分钟。3.将青椒、红色甜椒、黄色甜椒、洋葱均洗净切丁，用冷水浸泡后将水分沥干。4.将所有蔬菜放入碗，加香菜粉、橄榄油、柠檬汁、盐、白胡椒粉拌匀，制成佐料，和法国面包一起入盘，用薄荷叶装饰即可。

新手注意 食用意式烤面包的时候，可伴随甜热饮或葡萄酒，也可伴随奶油、蛋和甜酒食用。

司康饼

】【**工具**】【刀，筛网，擀面杖，圆模具，刷子，烤箱

】【**材料*3人份**】【低筋面粉320克，泡打粉、糖粉、蛋黄、葡萄干、鲜奶、任何口味果酱、奶油各适量

】【**做法**】【1.奶油置于室温中软化，用刀切成丁；蛋黄、鲜奶混合后调匀。2.低筋面粉、泡打粉、糖粉用筛网筛入钢盆中，加奶油丁混匀，再加入拌好的蛋黄鲜奶，放入葡萄干揉成面团，冷藏30分钟，备用。3.取出面团，用擀面杖擀成面皮，用圆模具压出圆片，间隔排入烤盘中，圆片表面用刷子刷上适量的蛋黄水，放入烤箱中烤至金黄色取出，将每个饼从中间横切开，夹入果酱即可食用。

新手注意 将材料揉成面团时，不要过度揉捏，揉到面团表面光亮即可。过度揉捏会导致面筋生成过多，影响口感。

蒜蓉多士

】【**工具**】【刀，刷子，焗炉

】【**材料*2人份**】【面包1个，蒜50克，牛油30克

】【**做法**】【1.将面包用刀改切成片，再装入洗净的碗中，待用；将蒜去除皮后，剁成蓉，再放入碗中，备用。2.取一个大碗，再放入处理好的蒜蓉和适量的牛油，将其充分混和均匀，待用；3.取适量的步骤2中调好的汁液，用刷子均匀地刷在切好的面包片表面上，放入烤盘。4.将烤盘放入焗炉中，焗20分钟左右，待面包散发出香味，即可取出焗好的面包片，即可蒜蓉多士，稍凉即可食用。

新手注意 大蒜可用压蒜器压成泥。如果没有压蒜器，可以把大蒜瓣放在碗里，用干净的擀面杖的一端把大蒜捣烂成泥。

长棍面包

▶ **工具** ◀ 刮板，模具，发酵箱，刀，烤箱

▶ **材料*5人份** ◀ 高筋面粉150克，全麦粉500克，酵母23克，改良剂8克，乙基麦芽粉10克，清水1300毫升，盐43克，奶油适量

▶ **做法** ◀ 1.将高筋面粉和全麦粉混合均匀，加入酵母、改良剂、乙基麦芽粉后继续搅拌均匀，再放入清水、盐后混匀，用刮板搅拌至面筋扩展，进发酵箱发酵30分钟，温度28℃，湿度75%。2.将发酵好的面团用刮板分割为300克/个，把面团饧20分钟。3.饧好的面团用手压扁，排出面里面的气体，再用手搓成长面团。4.将搓好的长面团放入备好的模具中，再放进发酵箱里，饧发90分钟，温度35℃，湿度80%。5.饧发好的面团用刀划上几刀，挤上适量奶油，喷上少量的水。6.模具放入将烤箱烘烤，温度调成上火250℃，下火200℃，约烤28分钟至熟即可。

新手注意　法式长棍面包的特色是表皮松脆，内心柔软。

小法棍面包

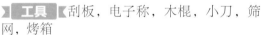

▶ **工具** ▷ 刮板，电子称，木棍，小刀，筛网，烤箱

▶ **材料*4人份** ▷ 鸡蛋1个，黄油20克，高筋面粉250克，干酵母3克，盐适量，水80毫升

▶ **做法** ▷ 1.将干酵母、盐倒入装有高筋面粉的碗中，拌匀，拌好的高筋面粉倒在操作台上，用刮板开窝。2.往窝中放入鸡蛋、水，按压，拌匀，加入黄油，继续按压，拌匀，制成面团，并让面团饧10分钟。3.面团揉搓呈长条状，分成四份，将四份的面团依次用电子称称出每个为100克的小面团。4.取其中两份小面团，分别用木棍压扁，卷起，再揉搓一下，呈长条状。5.用小刀在上面划一刀，发酵120分钟。高筋面粉用筛网过筛至发酵好的面团上，放黄油。6.入烤箱，烤箱温度调成上下火200℃，烤20分钟至熟，从烤箱中取出烤盘，装盘即可。

新手注意 发酵好的面团上抹上适量的黄油，可让面包松脆。

烤法棍片

▶【工具】◀ 齿轮刀，高温布，刷子，烤箱

▶【材料*2人份】◀ 法棍面包1个，黄油、细砂糖各适量

▶【做法】◀ 1.用齿轮刀将法棍面包切成大小均等的厚片，装入盘中，待用；在烤盘上，铺上一张备好的高温布，然后放上切好的法棍面包片。2.取适量的黄油和细砂糖，用刷子在切好的法棍面包片上，刷上适量的黄油，然后再其表面上撒入适量的细砂糖，并放入烤盘中。3.事先将烤箱预热好，把装有法棍片的烤盘放入烤箱中，温度调成上下火180℃，烤5~10分钟左右，至法棍片呈金黄色。4.烤好后取出烤好的法棍面包片，将其装入盘中，待烤好的法棍面包片稍微放凉后，即可食用。

①

②

③

④

新手注意 可在黄油中加法香和蒜泥，混合后涂到法棍片上，再放入烤箱中烘烤，成品味道会更加美味、丰富。

红豆司康

▶ **工具** 刮板，保鲜膜，模具，刷子，烤箱

▶ **材料*5人份** 黄油60克，糖粉60克，盐1克，低筋面粉50克，高筋面粉250克，泡打粉12克，牛奶125毫升，红豆馅30克，蛋黄液15克

▶ **做法** 1.将低筋面粉及高筋面粉倒在操作台上，用刮板在中间开窝，往窝中倒入牛奶，把泡打粉倒在面粉周围。2.再倒入盐、糖粉、黄油混合，按压，搅拌均匀，把红豆馅放在面粉上，揉搓成面团。3.用保鲜膜将面团包好，入冰箱冷藏30分钟左右，取出面团，用手按压，并撕掉保鲜膜，将模具放在面团上，按压一下，制成圆形面团，放入烤盘。4.用刷子在面团上刷上蛋黄液，将烤盘放入上下火180℃的烤箱内，烤15分钟至熟即可。

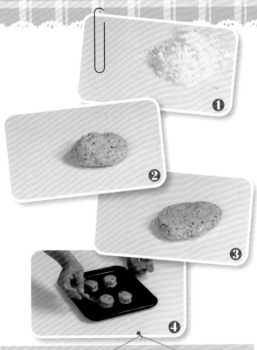

① ② ③ ④

新手注意 若是没有烤箱，也可以用微波炉代替，用微波炉烤制的红豆司康会比烤箱烘烤的司康要稍干些。

 火腿司康

】**工具**【搅拌器，筛网，圆模具，塑料袋，擀面杖，刷子，烤箱

】**材料*5人份**【奶油112克，糖粉125克，盐1克，低筋面粉500克，泡打粉25克，牛奶250毫升、蛋黄液、火腿丁各适量

】**做法**【1.取容器，放入适量的奶油、盐，用搅拌器搅拌均匀。2.将糖粉、低筋面粉、泡打粉用筛网过筛后放入到拌好的奶油中，再加入火腿丁、牛奶，揉匀后放入到塑料袋中，再放入冰箱，低温松弛30分后取出。3.撒上适量的面粉，用擀面杖将面团擀成厚片，再用圆模具压出生坯。4.用刷子在生坯上刷上适量的蛋黄液。5.放入烤箱，以上下火200℃的温度烤15~20分至熟即可食用。

新手注意

火腿司康的烤制时间请根据自家烤箱具体情况自行调整。

水果司康

】**工具**【搅拌器，筛网，圆模具，塑料袋，擀面杖，刷子，烤箱

】**材料*5人份**【奶油112克，糖粉125克，盐1克，低筋面粉500克，泡打粉25克，牛奶250毫升，蛋黄液、水果糖、芝麻各适量

】**做法**【1.取容器放入奶油、盐用搅拌器拌匀。2.将糖粉、低筋面粉、泡打粉用筛网过筛后放入到拌好的奶油中，再加入芝麻、牛奶，揉匀后放入塑料袋，再放入冰箱中，低温松弛30分后取出。3.撒上面粉，用擀面杖将面团擀成厚的片，再用圆模具压出生坯。4.用刷子在生坯上刷上蛋黄液，撒上适量的芝麻，放入烤箱。5.以上下火200℃烤15~20分至熟。6.取出，撒上水果糖装饰即可。

新手注意

这款司康中牛奶的量可以根据个人的口味适量的增减。

提子司康

▶【工具】搅拌器，筛网，圆模具，塑料袋，擀面杖，刷子，烤箱

▶【材料*5人份】奶油112克，糖粉125克，盐1克，低筋面粉500克，泡打粉25克，牛奶250毫升，蛋黄液、提子各适量

▶【做法】1.取容器，放入适量的奶油、盐，用搅拌器搅拌均匀。2.将糖粉、低筋面粉、泡打粉用筛网过筛后放入到拌好的奶油中，再加入提子、牛奶，揉匀后放入塑料袋，再放入冰箱里，低温松弛30分后取出。3.撒上适量的面粉，用擀面杖将其擀成1.5～2厘米的厚片，再用圆模压出生坯。4.用刷子在生坯上刷上适量的蛋黄液，放入烤箱。5.以上下火200℃的温度烤15～20分至熟即可。

新手注意

提子最好不要添加得太多，否则面团会不好揉成圆形。

柠檬司康

▶【工具】刮板，保鲜膜，模具，刷子，烤箱

▶【材料*5人份】糖粉60克，盐1克，低筋面粉50克，高筋面粉250克，泡打粉12克，牛奶125毫升，柠檬皮末8克，蛋黄1个

▶【做法】1.低筋面粉、泡打粉、糖粉、盐、柠檬皮末、高筋面粉混匀。2.用刮板开窝，向窝中倒入奶油、牛奶。3.将四周混合后的材料往窝中覆盖并揉成团，用保鲜膜将面团包好，冷藏30分钟。4.取出面团，用手按压，使之稍薄，将模具放在面团上，按压制成圆形面团。5.把圆形面团放入烤盘，用刷子刷一层蛋黄液，烤盘放入烤箱，烤箱温度调成上下火180℃，烤15分钟。6.将烤好的柠檬司康装入盘中即可。

新手注意

在揉搓面团的过程中，最好不要反复揉面，否则会起筋。

果仁司康

❶

❷

❸

❹

❺

❻

▰ **工具** ▰ 刮板，擀面杖，大、小模具，刷子，烤箱

▰ **材料*3人份** ▰ 高筋面粉90克，低筋面粉90克，糖粉30克，鸡蛋1个，鲜奶油50克，泡打粉3克，黄油50克，蛋黄液15克，黑巧克力液适量，腰果20克

▰ **做法** ▰ 1.将高筋面粉、低筋面粉混合均匀，用刮板开窝，倒入黄油、糖粉、泡打粉、鸡蛋、鲜奶油。2.四周面粉用刮板往中间覆盖，按压揉成形。3.用擀面杖将面团擀平成2厘米厚的片状，再用大模具压出大小适合的圆饼形。4.用小模具在圆形饼上按压，将中间的面皮轻轻撕开，使中间成凹形；圆形饼放入烤盘中。5.饼边缘用刷子刷上蛋黄液，将烤盘放入烤箱，调上下火160℃，烤15~20分钟至熟。6.将烤好的司康取出，装盘，黑巧克力液倒在中间凹陷的地方，腰果压碎放到巧克力液上即可食用。

新手注意 做司康的面团不要揉出筋，面团最好冷藏一会儿。

巧克力司康

▶ **工具** ◀ 刮板，擀面杖，大、小模具，刷子，筷子，烤箱

▶ **材料*3人份** ◀ 高筋面粉90克，低筋面粉90克，糖粉30克，鸡蛋1个，鲜奶油50克，泡打粉3克，黄油50克，蛋黄液15克，黑、白巧克力液各适量

▶ **做法** ◀ 1.将高筋面粉、低筋面粉倒在操作台上，用刮板开窝，倒入黄油、糖粉、泡打粉、全蛋、鲜奶油。2.将四周面粉用刮板往中间覆盖，边用刮板往中间覆盖面粉，边按压揉匀成形。3.用擀面杖将面团擀平成2厘米厚的片状，再用大模具压出大小适合的圆饼形。4.用小模具在圆形饼上按压，将中间的面皮轻轻撕开，圆形饼入烤盘，饼的边缘用刷子刷上蛋黄液。5.将烤盘放入烤箱，调上下火160℃，烤15分钟至熟，取出，将巧克力液装入司康中间的圆孔中，用筷子呈顺时针划圈。6.再用筷子沾上少量黑巧克力液，呈顺时针划圈成形即可。

新手注意 在司康表面刷上蛋黄液，烤好的司康颜色会更漂亮。

 # 红茶司康

⏵ 工具 ⏵ 保鲜膜，搅拌器，擀面杖，压模，刷子，烤箱

⏵ 材料*6人份 ⏵ 奶油110克，泡打粉25克，细砂糖125克，低筋面粉100克，牛奶250毫升，高筋面粉500克，红茶粉、盐各适量，蛋黄15克

⏵ 做法 ⏵ 1.将高筋面粉、低筋面粉、泡打粉、细砂糖、红茶粉、盐、牛奶、奶油混匀，制成面团。2.面团用保鲜膜包好，冷藏30分钟；蛋黄用搅拌器打散，制成蛋液。3.冷藏好的面团用擀面杖擀成约2厘米厚的圆饼，取压模，嵌入圆饼面团中，制成数个小剂子，摆入烤盘，用刷子刷上蛋液，即可红茶司康生坯。4.烤箱预热，放入烤盘，以上火175℃，下火180℃的温度，烤约20分钟，至生坯呈金黄色。

新手注意 揉搓好的司康面团应放入冰箱冷藏，而冷藏的温度以10℃左右为佳，这样能增强面团的韧性。

香葱司康

⏵ 工具 ⏵ 保鲜膜，擀面杖，压模，刷子，烤箱

⏵ 材料*6人份 ⏵ 奶油110克，牛奶250毫升，低筋面粉500克，细砂糖150克，香葱粒适量，火腿粒10克，泡打粉27克，盐2克，蛋黄15克

⏵ 做法 ⏵ 1.低筋面粉加细砂糖、盐、香葱粒、火腿粒、泡打粉、奶油、牛奶混匀，揉成团，用保鲜膜包好，冷藏30分钟，至面团饧发。2.蛋黄打散，制成蛋液。3.将冷藏好的面团用擀面杖擀成2厘米厚的圆饼，取压模，嵌入圆饼面团中，制成数个小剂子，摆入烤盘，用刷子刷上一层蛋液，即可香葱司康生坯。4.放入烤箱，以上火175℃，下火180℃的温度，烤20分钟左右，至生坯呈金黄色即可。

新手注意 用擀面杖擀成的司康圆饼的厚度一定要均匀，以免影响到小剂子的外观，破坏成品的美观。

Part ⑤
酷派挞丁一族

酥脆的挞派外皮都包裹着丰富又香味
浓郁的馅料，品尝时，会让每一个人的心情
变得更加轻松愉快。可爱嫩滑的布丁就像
美丽的人生一样，同样令人着迷，无法自
拔。香酥的泡芙外皮，咬一口就涌出色香
味俱全的馅料，绝对是大众喜爱的西点。

挞&派

精巧可爱的造型，就像是松脆的挞派皮包着布丁，每一口都可以品尝到不一样的滋味，那份浓浓的酥香味不断地在口中蔓延。在悠闲的时光里，约上家人或几位朋友，一起来分享美食，然后搭配一壶花茶，心情多惬意啊！

香港蛋挞

▶ 工具 ◀ 小刀，搅拌器，烤箱

▶ 材料 *4人份 ◀ 蛋挞皮12个，香蕉4根，柠檬1个，蛋黄45克，鲜奶油10克

▶ 做法 ◀ 1.将12个蛋挞皮准备好。蛋挞皮在一般制作面包的材料专卖店都可以很轻易买到。2.将香蕉剥皮后用小刀切成薄片，然后将柠檬横切成圆片，再用小刀切成两半。3.将蛋黄和鲜奶油倒入盆中，然后用搅拌器快速搅拌均匀。4.将香蕉片和柠檬片摆入蛋挞皮中，摆放整齐，再将蛋黄、奶油的混合物倒入蛋挞皮中，至八分满，将烤箱调上火160℃，下火调150℃预热1分钟，将蛋挞放入烤盘，再放入烤箱，烤15～20分钟至金黄色。将烤好的蛋挞取出装盘即可。

新手注意 此蛋挞用略带温和甜味的香蕉，搭配具有酸味的柠檬制作出的蛋挞，味道酸酸甜甜，别有滋味。

葡式蛋挞

▶【**工具**】搅拌器，刮板，量杯，蛋挞模，奶锅，筛网，烤箱

▶【**材料*5人份**】糖粉75克，低筋面粉225克，黄油150克，细砂糖100克，鸡蛋1个，蛋黄4个，牛奶200克，鲜奶油200克，炼乳、吉士粉各适量克

▶【**做法**】1.将黄油、糖粉、鸡蛋、110克低筋面粉，用搅拌器拌匀，再加入剩下的低筋面粉，拌匀并揉成团。2.将面团搓成条，分成两半，用刮板切成30克一个的小剂子，搓圆，粘在蛋挞模上，沿着边沿按紧。3.锅烧热，倒入牛奶、鲜奶油、细砂糖、炼乳，煮开拌匀成液，冷却后，加入蛋黄、吉士粉拌匀，用筛网过筛至量杯中，再倒入挞模至八分满。4.把模具放入烤盘，再入烤箱以200℃烤20分钟，取出脱模即可。

新手注意 蛋挞水最好过筛，这样烤出来的蛋挞内部比较细腻；蛋挞水不能倒太满，否则烤的时候会膨胀溢出。

草莓蛋挞

▶【**工具**】电动搅拌器，刮板，搅拌器，蛋挞模，筛网，烤箱

▶【**材料*4人份**】糖粉75克，低筋粉225克，黄油150克，细砂糖100克，鸡蛋4个，清水250毫升，草莓若干

▶【**做法**】1.黄油加糖粉用电动搅拌器搅拌均匀至颜色变白，加入1个鸡蛋，搅拌均匀，加入一半的低筋面粉拌匀，再加入剩下的低筋面粉，拌匀并揉成团。2.将面团搓条，分两半，用刮板切成30克一个的面团。3.将面团搓圆，沾低筋面粉，粘在蛋挞模上。4.取3个鸡蛋、细砂糖、清水，用搅拌器拌匀，再用筛网将其过筛，使其更顺滑可口。5.蛋塔液入模具中至八分满，再入上火200℃，下火220℃的烤箱，烤15分钟，放上草莓装饰即可。

新手注意 在制作蛋挞皮时，面团应尽量揉搓均匀，并且蛋挞皮的面团做好后就要放入冰箱中冷藏一段时间。

新手注意
煮鲜奶时要不停搅拌，以免鲜奶煮煳。

蛋挞

工具 搅拌器，蛋挞模，筛网，刮板，奶锅，烤箱

材料*4人份 糖粉75克，低筋面粉225克，黄油150克，细砂糖100克，鸡蛋1个，蛋黄60克，牛奶、鲜奶油各200克，炼乳、吉士粉各适量

做法 1.黄油、糖粉，用搅拌器快速搅拌均匀，至颜色变白，加1个鸡蛋、低筋面粉拌匀，揉成面团，在台面上撒少许低筋面粉，将面团搓成长条。用刮板将其切成30克一个的剂子，将剂子搓圆，粘在蛋挞模上，沿着边沿按紧。2.牛奶用奶锅煮开，加鲜奶油、细砂糖、炼乳、蛋黄、吉士粉，搅拌匀，过筛后倒入蛋挞模。3.再入上火220℃，下火200℃的烤箱烤20分钟，至其熟透，取出脱模即可。

新手注意
椰挞不宜装满蛋挞模，否则受热膨胀后会影响成品外观。

椰挞

工具 蛋挞模，搅拌器，勺子，烤箱

材料*5人份 糖粉175克，低筋面粉250克，黄油150克，细砂糖100克，鸡蛋2个，椰丝75克，泡打粉2克，色拉油、水各75毫升，吉士粉5克，透明果酱、切好的樱桃各10克

做法 1.将黄油、糖粉75克用搅拌器快速拌匀，加入鸡蛋1个、低筋面粉225克拌匀揉成面团，将面团搓成长条，分成小剂子搓圆，粘在蛋挞模上，沿着边沿按紧。2.奶锅加水、糖粉100克搅匀，用小火煮至溶化，关火后加入色拉油、椰丝、低筋面粉25克、吉士粉、泡打粉、鸡蛋1个拌匀成椰挞液，用勺子将椰挞液装入挞模中，至八分满即可。3.挞模入上下火190℃的烤箱烤17分钟，取出脱模，刷果酱，放上樱桃碎即可。

脆皮蛋挞

▶ 工具 ◀ 擀面杖，筛网，烘焙纸，模具，蛋挞模，搅拌器，烤箱

▶ 材料*5人份 ◀ 低筋面粉220克，高筋面粉30克，黄油40克，细砂糖55克，盐1.5克，水250毫升，片状酥油180克，鸡蛋2个

▶ 做法 ◀ 1.将低、高筋面粉倒在操作台上，用刮板开窝，加入细砂糖5克、盐、水125毫升、黄油，揉成团，静置10分钟。2.烘焙纸上放片状酥油，包好，用擀面杖擀平；面团擀成片状酥油2倍大。3.片状酥油入面皮，擀薄，对折四次后冷藏10分钟，重复操作三次，再擀薄，用模具压出面皮，放入蛋挞模。4.水125毫升、细砂糖50克、鸡蛋用搅拌器拌匀，过筛两遍后入蛋挞模，入200℃的烤箱烤10分钟取出脱模。

新手注意

在制作蛋挞液时，可以用牛奶代替清水。

脆皮葡挞

▶ 工具 ◀ 擀面杖，筛网，搅拌器，烘焙纸，圆形模具，蛋挞模，烤箱

▶ 材料*5人份 ◀ 低筋面粉220克，高筋面粉、黄油、蛋黄各40克，细砂糖5克，水、牛奶各125毫升，片状酥油180克，鲜奶油、细砂糖、吉士粉各适量

▶ 做法 ◀ 1.低、高筋面粉倒入容器内，加入细砂糖、水、黄油，用搅拌器拌匀，并倒在操作台上，揉成光滑面团，静置10分钟。2.烘焙纸上放片状酥油，包好，用擀面杖擀平；将面团擀成片状酥油2倍大。3.将酥油放在面皮上，擀薄，对折四次后冷藏10分钟，重复此操作三次，用模具压出面皮，放入蛋挞模。4.牛奶、细砂糖、蛋黄用搅拌器搅拌均匀，过筛两遍后入蛋挞模，入上下火200℃的烤箱烤10分钟至熟取出。

新手注意

因为挞皮烤熟后会膨胀，所以倒入的蛋挞液至七八分满即可。

蓝莓挞

>【**工具**】搅拌器，刮板，刀，筛网，量杯，蛋挞模，烤箱

>【**材料*5人份**】低筋面粉250克，黄油150克，糖粉100克，鸡蛋3个，清水125毫升，细砂糖50克，蓝莓酱、蓝莓各适量

>【**做法**】1.将低筋面粉倒在操作台上，用刮板开窝，倒入糖粉、鸡蛋1个，拌匀，加入黄油，将材料混合均匀，揉搓成面团，呈长条状。2.切成四段，揉搓一下，取其中一段，切成四等份，依次放入蛋挞模中，沿着模具边缘捏紧，放入烤盘。3.细砂糖入碗，倒入清水，用搅拌器拌匀，加鸡蛋2个，拌匀，制成蛋液，将蛋液过筛至碗中，加入蓝莓酱，拌匀，倒入量杯，再倒入蛋挞模至八分满。4.放入烤箱中，将烤箱温度调成上下火200℃，烤15分钟至熟，取出后脱模，放上蓝莓装饰即可。

新手注意　在制作蓝莓挞过程中，捏挞皮时底部要尽量捏薄一点，否则烤好的蛋挞皮会不酥脆，影响口感。

香橙挞

> **工具** 刮板，蛋挞模，烤箱，刷子

> **材料*3人份** 低筋面粉125克，糖粉25克，黄油40克，蛋黄15克，香橙果膏、银珠各适量

> **做法** 1.将低筋面粉倒在操作台上，用刮板开窝，倒入糖粉、蛋黄，拌匀，用刮板将材料拌匀，用手和面，加入黄油，慢慢地按压，揉搓成面团。2.将面团用刮板切成大小均等的小剂子，把小剂子沾上少许低筋面粉；将蛋挞模刷上一层黄油，放入小剂子，沿着蛋挞模边缘按压捏紧成形。3.放入烤盘，将烤箱温度调成上下火170℃预热1分钟，把烤盘放入烤箱中，烤6分钟至熟。4.取出烤好的蛋挞，稍稍放凉之后脱模，放入盘中，往蛋挞中间倒入适量的香橙果膏，至满为止，最后放上银珠装饰即可。

①
②
③
④

新手注意 可以先在蛋挞模里抹一点黄油，这样烤好的蛋挞能够更加容易脱模，不会影响蛋挞外观。

水果乳酪挞

工具 刮板，模具，电动搅拌器，烤箱

材料*2人份 乳酪100克，牛奶450毫升，黄油155克，高筋面粉25克，低筋面粉150克，细砂糖65克，鸡蛋3个，蛋黄45克，糖粉65克，提子适量

做法 1.将低筋面粉125克、糖粉、鸡蛋1个、黄油65克拌匀，按压揉成团并搓成条。2.用刮板将面团分成均等的两段，分别将两个面团压平成圆形，面饼合二为一，按压成塔皮。3.将塔皮放入模具；黄油90克用电动搅拌器打发，加细砂糖、蛋黄、鸡蛋2个拌匀。4.加入高筋面粉、低筋面粉25克、乳酪、牛奶搅匀成浆。5.将浆、提子入模具中，模具入上火200℃，下火190℃的烤箱烤25分钟取出脱模即可。

草莓慕斯挞

工具 搅拌器，擀面杖，叉子，挞模，电动搅拌器，烤箱

材料*3人份 黄油45克，低筋面粉100克，杏仁粉20克，糖粉35克，蛋黄15克，牛奶10毫升，草莓、红莓各75克，生奶油140克，明胶片5克，水适量

做法 1.将黄油打散，加糖粉、蛋黄、牛奶、低筋面粉、杏仁粉用搅拌器拌匀成面团。2.将面团用擀面杖擀成面皮，装入塔模，用手捏紧，并用叉子戳几下，入烤箱以180℃烤25分钟。3.将明胶片用水浸泡片刻；把草莓、红莓放入水锅里煮烂，放入泡好的明胶片，拌匀成草莓酱。4.把生奶油用电动搅拌器打至发泡，倒入草莓酱，拌匀，再倒入挞模里，放入冰箱冷藏至凝固即可。

咖啡挞

】 工具 【 刮板，蛋挞模具，电动搅拌器，裱花袋，烤箱

】材料*3人份【 黄油60克，糖粉40克，蛋白7克，牛奶14毫升，低筋面粉165克，可可粉5克，色拉油100毫升，鸡蛋2个，细砂糖90克，奶粉25克，咖啡粉5克

】 做法 【 1.将低筋面粉90克、可可粉倒在操作台上，用刮板开窝，加入牛奶7毫升、糖粉、蛋白、黄油，拌匀，将四周面粉盖上，按压，揉匀成形，再揉搓成长条，用刮板切成小剂子揉圆压平，放入蛋挞模具中，按压贴合。2.鸡蛋、细砂糖用电动搅拌器打发，加低筋面粉75克、奶粉、咖啡、牛奶7毫升、色拉油，拌成馅，入裱花袋。3.模具入烤盘，挤上馅，再入上下火170℃的烤箱烤20分钟后取出脱模即可。

新手注意

咖啡粉最好使用纯咖啡粉，没有加糖也没有加奶粉的。

巧克力水果挞

】 工具 【 刮板，圆心模具，木棍，裱花袋，电动搅拌器，烘焙纸，烤箱

】材料*2人份【 黄油100克，鸡蛋1个，低筋面粉125克，牛奶50毫升，可可粉15克，带柄红樱桃5颗，糖粉70克，黄金桃、黑巧克力液、奶油各适量

】 做法 【 1.将可可粉与低筋面粉倒在操作台上，用刮板开窝，加入黄油、糖粉、鸡蛋，拌匀，并揉搓成团。2.木棍将面团擀成约0.5厘米厚的片，用圆心模具按压，制成8块圆形面皮，依次将面皮放入烤盘，并入上下170℃烤箱，烤15分钟取出。3.奶油加牛奶，用电动搅拌器打发后入裱花袋。4.取四块饼干沾黑巧克力液，其余挤上馅料，盖上有黑巧克力液的饼干放上樱桃、黄金桃即可。

新手注意

奶油和牛奶打发成的馅料打发好以后可放入冰箱冷藏一下。

胡桃挞

▶ **工具** ◀ 电动搅拌器，筛网，保鲜袋，擀面杖，模具，叉子，搅拌器，烤箱

▶ **材料*2人份** ◀ 低筋面粉94克，杏仁粉10克，糖粉25克，黄油、果葡糖浆各40克，鸡蛋1个，黄糖、蜂蜜、蛋黄各15克，盐少许，溶化的黄油10克，肉桂粉1克，速溶咖啡少许，肉桂巧克力起酥20克，胡桃150克

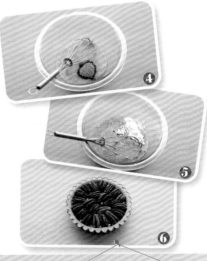

▶ **做法** ◀ 1.黄油加糖粉、蛋黄用电动搅拌器拌匀，加入过了筛的低筋面粉90克和杏仁粉，搅拌均匀，和成团。2.面团入保鲜料袋，冷藏30分钟，用擀面杖擀成皮。3.面皮装入模具，贴稳后用叉子在底部戳几下，放到预热至180℃烤箱，烤20分钟后冷却。4.鸡蛋用搅拌器打好，加黄糖、盐、果葡糖浆、蜂蜜、溶化的黄油，搅拌拌匀。5.加低筋面粉4克、肉桂粉和咖啡，拌匀过筛成糊。6.冷却后的挞皮放胡桃、肉桂巧克力起酥、面糊，放到上下火180℃的烤箱里，烤40分钟取出脱模即可食用。

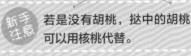

新手注意 若是没有胡桃，挞中的胡桃可以用核桃代替。

酥皮芝士挞

▶ **工具** ◀ 长柄刮板，筛网，微波炉，裱花袋，密封袋，挞模，擀面杖，烤箱

▶ **材料*3人份** ◀ 黄奶油75克，细砂糖80克，杏仁粉、奶油各40克，低筋面粉170克，香草粉、盐各少许，蛋黄30克，牛奶105毫升，糖粉20克，芝士130克，柠檬汁1小匙，鸡蛋1个

▶ **做法** ◀ 1.将黄油30克、糖30克、杏仁粉20克、低筋面粉50克、盐放入碗内混合，用长柄刮板拌匀后冷藏，制成酥皮。2.蛋黄15克加糖25克、低筋面粉10克、香草粉、牛奶拌匀，用微波炉加热后拌匀，重复2次放凉入裱花袋成蛋糕奶油。3.黄油45克加糖粉、蛋黄、牛奶、杏仁粉20克和低筋面粉100克和成团，入密封袋中冷藏45分钟。4.取出面团，用擀面杖擀成挞皮，放到挞模里面后，用叉子扎孔，入预热至190℃烤箱烤20分钟取出冷却。5.芝士加鸡蛋、柠檬汁、奶油、面粉和糖25克拌匀成芝士面团。6.将挞皮里包入芝士面团，烤20分钟至熟，挤蛋糕奶油，铺上酥皮，烤20分钟取出脱模即可。

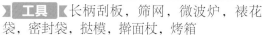

新手注意　烤蛋挞的时候，不要烤焦，烤得差不多就可以了。

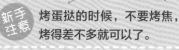

草莓挞

工具 搅拌器，蛋挞模，刮板，裱花袋，奶锅，烤箱

材料*4人份 蛋黄30克，牛奶170毫升，细砂糖50克，低筋面粉241克，奶油75克，糖粉150克，杏仁粉75克，鸡蛋3个，黄油150克，草莓适量

做法 1.将黄油、糖粉75克、鸡蛋1个、低筋面粉225克，用搅拌器拌匀，并揉成面团。搓条后分两半，再切成小剂子并搓圆，沾面粉，粘在蛋挞模上。2.将鸡蛋2个、糖粉75克、奶油、杏仁粉用搅拌器拌匀至成糊状，入蛋挞模中，至八分满，入预热好的烤箱中，以上下火180℃烤20分钟，取出脱模。3.牛奶用奶锅煮开，加细砂糖50克、蛋黄、低筋面粉16克煮成糊，装入裱花袋，挤入蛋挞，放上草莓装饰。

新手注意 在煮面糊的过程中，要快速搅拌，防止面糊粘锅；可以在做好的草莓塔上撒上适量的糖粉。

核桃挞

工具 蛋挞模，搅拌器，裱花袋，奶锅，烤箱

材料*3人份 蛋黄30克，牛奶170毫升，细砂糖50克，低筋面粉241克，奶油75克，糖粉150克，杏仁粉75克，鸡蛋3个，黄油150克，核桃仁各适量

做法 1.将黄油、糖粉75克、鸡蛋1个、低筋面粉225克，用搅拌器拌匀，并揉成面团，再搓成条，用刮板分成两半，切成小剂子并搓圆，沾面粉，粘在蛋挞模上。2.将鸡蛋2个、糖粉75克、奶油、杏仁粉用搅拌器拌匀至成糊状，入蛋挞模中至八分满，放入上下火180℃的烤箱中烤20分钟，取出脱模。3.牛奶用奶锅煮开，加细砂糖50克、蛋黄、低筋面粉16克煮成糊，装入裱花袋，挤入蛋挞，放上核桃仁装饰即可。

新手注意 在捏挞皮的时候，挞皮的底部要尽量捏得薄一点，否则烤好的核桃塔底部口感会比较湿，不酥脆。

水果挞

▶【工具】搅拌器，保鲜袋，擀面杖，圆模具，叉子，裱花袋，刷子，烤箱

▶【材料*3人份】奶油170克，鸡蛋、面粉、草莓、猕猴桃、罐装菠萝、果胶、奶油布丁馅、糖粉各适量

▶【做法】1.将奶油、糖粉混合后分次加入鸡蛋用搅拌器拌匀，再拌入面粉，拌匀后放保鲜袋中，入冰箱冷藏30分钟；取出用擀面杖擀成面皮，用圆模具压扣出适当大小，再放入塔模中均匀压实贴合，边缘多出的塔皮修除。2.将挞皮底部用叉子戳些小洞后，排入烤盘，入上火180℃，下火160℃的烤箱，烤20分钟至表面金黄，取出待凉；将布丁馅填入裱花袋中，填入塔皮中，摆上备好的水果片，刷上果胶即可。

新手注意 水果建议用质感柔软的水果，比如像草莓和蓝莓这样的浆果、芒果和樱桃等等，不建议用水分过多的水果。

苹果派

▶【工具】搅拌器，刀，派盘，擀面杖，烤箱

▶【材料*3人份】苹果2个，鸡蛋2个，牛奶350毫升，面粉150克，盐3克，细砂糖45克，黄油10克

▶【做法】1.将黄油切块入锅，加热溶化。再将溶化的黄油倒入面粉中，加盐、牛奶250毫升，搅拌出块状面团。2.用力揉搓面团至表面光滑。3.用擀面杖将面团擀成0.5厘米厚的面皮。4.把派盘盖上面皮，按压四周，将多余的面用刀去除，即成派皮；将苹果洗净去核，切薄片备用。5.取蛋黄用搅拌器搅散，加细砂糖和牛奶100毫升，搅成蛋液。6.将蛋液倒在派皮上，铺上苹果片，再放入预热至200℃的烤箱中，烤约20分钟取出脱模即可。

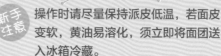

新手注意 操作时请尽量保持派皮低温，若面皮变软，黄油易溶化，须立即将面团送入冰箱冷藏。

草莓派

▶ **工具** ◀ 刮板，保鲜膜，派皮模具，勺子搅拌器，烤箱

▶ **材料*4人份** ◀ 派皮：细砂糖5克，低筋面粉200克，牛奶60毫升，黄油100克；杏仁奶油馅：黄油50克，细砂糖50克，杏仁粉50克，鸡蛋1个；装饰：草莓100克，蜂蜜适量

▶ **做法** ◀ 1.将低筋面粉倒在操作台上用刮板开窝，倒入细砂糖、牛奶，用刮板搅拌匀。2.加黄油，和成团，用保鲜膜包好，压平，冷藏30分钟，取出，撕掉保鲜膜，压薄制成派皮。3.将派皮模具盖上底盘，放上面派皮，沿边缘贴紧，切去多余的面皮。4.将细砂糖、鸡蛋倒入容器中，用搅拌器快速拌匀，加入杏仁粉，搅拌均匀，倒入黄油，搅拌至糊状，制成杏仁奶油馅。5.将杏仁奶油馅倒入模具内，至五分满，用勺子抹匀，放入上下火150℃的烤箱中，烤约25分钟，至其熟透取出放凉。6.去除模具，沿着派皮的边缘摆上洗净的草莓，在草莓上刷适量蜂蜜即可。

新手注意　烤前用叉子在派皮上插几个小洞，以免派皮破裂。

提子派

▶ **工具** ◀ 刮板，保鲜膜，搅拌器，派皮模具，勺子，小刀，烤箱

▶ **材料*4人份** ◀ 细砂糖55克，低筋面粉200克，牛奶60毫升，黄油150克，杏仁粉50克，鸡蛋1个，提子适量

▶ **做法** ◀ 1.将低筋面粉倒在操作台上，用刮板开窝，倒入细砂糖5克、牛奶，用刮板搅拌匀，加入黄油100克，和成面团。2.将面团包上保鲜膜，压平，冷藏30分钟，取出面团后轻轻地按压一下，撕掉保鲜膜，压薄制成派皮。3.派皮模具盖上底盘，放上派皮，沿着模具边缘贴紧，切去多余的面，压紧。4.细砂糖50克、鸡蛋用搅拌器快速拌匀，加入杏仁粉，倒入黄油50克，搅成糊，制成杏仁奶油馅。5.将杏仁奶油馅倒入模具内，至五分满，并用勺子抹匀，放入上下火180℃的烤箱中，烤约25分钟至其熟透。6.烤好的派皮装盘，用小刀将洗净的提子雕成莲花状，放上装饰即可。

新手注意 雕好的提子可以用牙签将籽剔除，这样食用更方便。

甜南瓜奶油芝士派

▶ **工具** ◀ 刮板，保鲜膜，擀面杖，模具，刷子，烤箱

▶ **材料*3人份** ◀ 低筋面粉150克，泡打粉2克，盐1克，冷水35毫升，黄油75克，熟甜南瓜80克，奶油芝士75克，生奶油15克，细砂糖13克，玉米淀粉5克，打发的蛋白27克，蛋黄15克，水5毫升

▶ **做法** ◀ 1.把低筋面粉和泡打粉倒入搅拌碗里，加入切块的黄油，用刮板边把黄油切成小块，边搅拌均匀；在冷水里加盐拌匀，在面粉的中间留出一个坑，把水倒进去。2.将面粉和团，包上保鲜膜，冷藏1小时后擀开，折叠，擀开，重复4遍。3.将面团擀皮，取1/2面皮切成派模大小，入模具，剩下的皮做成南瓜灯，盖保鲜膜，冷藏；熟南瓜加奶油芝士、糖拌匀。4.加打发的蛋白、生奶油、玉米淀粉搅匀后入模具，南瓜灯派皮盖到表面，刷蛋液，入200℃的烤箱烤30分钟。

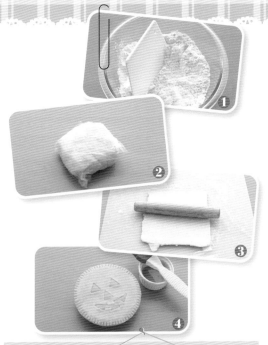

① ② ③ ④

新手注意 用冷黄油和冷水做派皮；甜南瓜去皮后蒸熟，或者放碟子里盖上保鲜膜后，放入微波炉里加热至熟透。

洋葱派

▶ **工具** ◀ 筛网，叉子，模型框，刀，烤箱

▶ **材料*3人份** ◀ 低筋面粉150克，奶油130克，冰片4大勺，洋葱100克，乳酪片5片，咸猪肉100克，鸡蛋2个，打发奶油180克，盐3克，少量胡椒粉

▶ **做法** ◀ 1.把低筋面粉和盐用筛网过滤后，放入奶油100克，用叉子磨碎成粉末，做成面糊。2.边倒冰水边搅拌后捏成3毫米厚的圆形。把面粉放入模型框并揉捏成同样的模样。再用叉子挤出里面的空气。3.把洋葱切块后泡在水里，再捞出剁碎，入锅，放入奶油30克、盐和胡椒粉炒到水分干为止；用蘸过水的刀把乳酪剁碎；把咸猪肉用开水汆烫后，消除油和异味并剁碎。4.把洋葱、乳酪、咸猪肉、鸡蛋和打发奶油搅拌均匀，并放入2的派里。用烧热至170℃的微波炉烤30～40分钟。

新手注意 由于派皮的密封性较好，刚出炉时馅料仍有较高温度，所以在食用时应注意防止烫伤。

 ## 起酥苹果派

工具 刀，搅拌器，刷子，烤箱

材料*2人份 起酥皮6片，奶油50克，苹果2个，葡萄干、柠檬汁各适量，鸡蛋1个，细砂糖80克

做法 1.苹果洗净，去皮去核，切丁；鸡蛋用搅拌器打散。2.奶油入锅加热溶化，加入苹果丁、细砂糖炒至细砂糖溶化，加入葡萄干、柠檬汁，以小火煮至收汁，取出放凉。3.取1片起酥皮铺平，用刷子将其四周刷上蛋液，在1/2处放上5克苹果馅料，将起酥皮另一侧对摺盖上成长方形，将接触面压紧；表面刷上蛋液，再用刀子划两道切口，放入烤箱中，烤箱温度调上火170℃、下火调150℃，烤15~20分钟至金黄酥脆即可食用。

新手注意 起酥皮在未用时，要放入冰箱中冷藏；表面刷蛋液时，注意不要刷到边上，以免有蛋液黏住而不起层次。

新鲜水果派

工具 擀面杖，搅拌器，叉子，模具，烤箱

材料*2人份 低筋面粉100克，无盐奶油60克，糖粉40克，鸡蛋1个，蛋黄40克，细砂糖25克，牛奶63毫升，淡奶油63克，各种新鲜水果适量

做法 1.无盐奶油倒入盆内，加糖粉、一半蛋黄、低筋面粉用搅拌器拌匀，揉成团，用保鲜膜封好冷藏半小时；牛奶、淡奶油装入奶锅加热至80℃；另一半蛋黄、鸡蛋、细砂糖倒入另一盆内，加牛奶和淡奶油拌匀成馅。2.将面团两面覆盖保鲜膜擀成派皮，放模具中压平，用叉子插孔，倒入馅料饼抹平。3.放烤箱以上下火160℃烤25分钟，取出脱模，表面挤奶油，放水果装饰即可。

新手注意 制作新鲜水果派时，往派皮中填入馅料之前，一定要在派皮的底部用叉子叉洞，防止派皮膨胀破裂。

黄桃派

▶【**工具**】刮板，保鲜膜，搅拌器，派皮模具，小刀，烤箱

▶【**材料*4人份**】细砂糖55克，低筋面粉200克，牛奶60毫升，黄油150克，杏仁粉50克，鸡蛋1个，黄桃肉60克

▶【**做法**】1.将低筋面粉倒在操作台上，用刮板开窝，倒入细砂糖5克、牛奶拌匀，加入黄油100克，和成面团。2.将面团包上保鲜膜，压平，冷藏30分钟，取出后撕掉保鲜膜压薄成面皮。3.派皮模具盖上底盘，放上面皮，沿着模具边缘贴紧，切去多余的面皮，压紧。4.细砂糖50克、鸡蛋、杏仁粉、黄油50克，用搅拌器搅成糊。5.杏仁奶油馅倒入模具内，至五分满抹匀，入上下火180℃的烤箱中，烤25分钟。6.摆上黄桃。

新手注意 在制作派皮时，不要将派皮制作得太薄，以免黄桃派在脱模的时候派皮碎掉，影响成品的美观。

甜心苹果派

▶【**工具**】刮板，保鲜膜，搅拌器，派皮模具，刷子，烤箱

▶【**材料*4人份**】细砂糖55克，低筋面粉200克，牛奶60毫升，黄油150克，杏仁粉50克，鸡蛋、苹果各1个，蜂蜜适量

▶【**做法**】1.将低筋面粉加细砂糖5克、牛奶、黄油100克混匀，和成团。2.将面团用保鲜膜包好，压平，冷藏30分钟后压薄成面皮。3.将派皮模具盖上底盘，放上面皮，使其贴紧，切去多余的面皮。4.将细砂糖、鸡蛋、杏仁粉、黄油50克，搅成杏仁奶油馅。5.将苹果洗净切片，馅倒入模具内，苹果片摆放在派皮上，至摆满为止，放进冰箱冷藏20分钟。6.取出放入上下火180℃的烤箱烤30分钟取出脱模，刷上适量蜂蜜即可。

新手注意 切好的苹果放入淡盐水中浸泡，可以防止氧化变黑；苹果派烤制的时间越长，表面的苹果就变得越软。

布丁

在炎炎夏日里，来一杯香滑细腻的布丁，入口软绵即化，香甜爽口，还带着清新的水果香味，为你赶走燥热烦闷的心情，再配上一杯浓郁的咖啡，就变成了甜蜜满分，充满异国风味的下午茶，大家快快来感受一下吧。

大理石乳酪布丁

▌**工具**▌模具，搅拌器，筛网，牙签，烤箱

▌**材料*3人份**▌奶油乳酪250克，细砂糖75克，玉米淀粉10克，鸡蛋1个，淡奶油175克，巧克力酱、透明果膏各适量

▌**做法**▌1.将奶油乳酪放入容器中隔热水软化，加入细砂糖用搅拌器拌匀至溶化，分次将鸡蛋加入并拌匀。2.加入玉米淀粉拌匀，加淡奶油加入中拌匀后用筛网过滤成布丁浆，让其更细腻。3.将布丁浆倒入模具内至八分满，在面糊表面淋上巧克力酱，用牙签划上乱纹。4.放入上下火160℃烤箱中，隔水烤35分钟至熟，取出冷却。将布丁放入冰箱冷藏2小时后脱模，抹上透明果膏即可。

 新手注意

烤箱要先预热10分钟，再将布丁放入有水的烤盘内进炉烤熟。

豆奶玉米布丁

▶ 工具 ◀ 搅拌器，奶锅，筛网，布丁杯，刷子，烤箱

▶ 材料*2人份 ◀ 豆浆300克，蛋黄2个，鸡蛋2个，细砂糖50克，玉米酱100克，葡萄干、透明果膏各适量

▶ 做法 ◀ 1.把豆浆放入奶锅中，加热至40℃。2.将鸡蛋和蛋黄用搅拌器打散，加入细砂糖，搅拌均匀，再倒入加热好的豆浆，继续搅拌均匀，制成布丁液。3.将布丁液用筛网过筛至碗中，加入玉米酱，搅拌均匀，然后倒入布丁杯内，放入烤盘，再入烤箱，以180℃隔水烤8分钟，至布丁液凝固。4.从烤箱中取出烤盘，将烤好的布丁放置一旁冷却。5.待冷却后，放上准备好的葡萄干，用刷子在布丁表面上刷上适量的透明果酱即可。

新手注意

玉米酱可以用煮熟的玉米粒搅打成酱，即新鲜又健康。

蓝莓杏仁布丁

▶ 工具 ◀ 搅拌器，布丁杯

▶ 材料*2人份 ◀ 杏仁碎末75克，牛奶750毫升，细砂糖77克，吉利丁粉13克，打发鲜奶油100克，蓝莓果泥150克，蓝莓酒15毫升，杏仁片、纸牌各适量

▶ 做法 ◀ 1.将牛奶和细砂糖62克加热至溶解，加入吉利丁粉8克，用搅拌器拌匀，然后隔冰水降至手温后，倒入打发鲜奶油，搅拌均匀。2.加入杏仁碎末，同样用搅拌器拌匀，制成杏仁布丁液。3.将杏仁布丁液倒入布丁杯中，放入冰箱冻至凝固。4.将蓝莓果泥和细砂糖15克加热至细砂糖溶化，再加入吉利丁粉5克、蓝莓酒，拌匀，制成蓝莓淋酱。5.将蓝莓淋酱倒入冻好的布丁上，再放入冰箱冻至凝固，取出在表面上撒入杏仁片，插上纸牌装饰即可。

Aromatic Cake

新手注意

杏仁碎末要先烤至金黄色至熟，冷却备用。

新手注意 在煮布丁浆的时候一定要用工具搅拌均匀，这样才能使布丁的口感更顺滑。

 # 抹茶布丁

工具 奶锅，搅拌器，模具

材料*3人份 抹茶粉100克，鲜奶450毫升，布丁粉75克，细砂糖400克，清水500毫升

做法 1.先将奶锅中放入适量的清水，再放入备好的细砂糖，用搅拌器拌匀慢慢煮热。2.加入布丁粉，慢慢用搅拌器搅拌均匀。3.再加入鲜奶，轻轻搅拌均匀。最后加入抹茶粉，搅拌均匀。4.将煮好的材料从锅中取出，倒入到模具内，冷却至成形。5.将模具放入冰箱中，冷藏一会儿至冰凉，扣出布丁，放入备好的盘中，可以加一些樱桃装饰一下，即可食用。

新手注意 熬煮焦糖时，不要用工具搅拌锅中的液体，否则很难熬出焦糖。也不要任意提高焦糖液中冷水的用量。

 # 焦糖布丁

工具 奶锅，搅拌器，筛网，布丁杯，烤箱

材料*2人份 鸡蛋5个，鲜奶、香草酱、动物性鲜奶油、细砂糖、水各适量

做法 1.奶锅内放入细砂糖和水，边用搅拌器拌匀，边用小火煮至呈浓稠状有焦香味，放凉成焦糖液；将鸡蛋用搅拌器打散，拌入细砂糖；鲜奶倒入奶锅内，加热后，加入香草酱，煮至约90℃。2.熄火，将奶油、细砂糖分次加入装有鸡蛋的容器中，用搅拌器拌匀成布丁蛋液，除去杂质，去泡沫后，倒入布丁杯中，至八分满；排入烤盘再放入上下火150℃的烤箱内，烤50分钟后取出放凉，冷藏至冰凉，扣出布丁，淋上焦糖液即可。

葡萄干牛奶米布丁

工具 搅拌器，小碗，刷子

材料*3人份 大米100克，牛奶150毫升，葡萄干碎20克，色拉油、香草精、果酱各少许，奶油5克，盐2克，细砂糖3克

做法 1.大米洗干净，沥干水分后放入锅中，加入牛奶与盐，用小火慢煮至米变软，但仍保有米粒感，这个时候，再放入葡萄干碎、细砂糖、香草精续煮片刻，至糖溶化后熄火，加入备好的奶油用搅拌器搅拌均匀，制成米糊。2.取6个洗净的小碗，内侧用刷子刷上薄薄的一层色拉油，倒入米糊至八分满，用勺子抹平，放入冰箱冷冻1个小时之后取出，稍稍放一会之后脱模，表面用果酱装饰即可食用。

新手注意 在制作葡萄干牛奶米布丁的时候，煮大米时一定要注意火候，不能过大也不能过小，否则大米的口感会不好。

皇室布丁

工具 搅拌器，奶锅，布丁杯

材料*2人份 鲜奶500毫升，鸡蛋1个，布丁粉50克，细砂糖200克，清水250毫升

做法 1.将细砂糖和鲜奶放入到碗中，碗一定要擦干水分，用搅拌器将其搅拌均匀；奶锅中注入清水，放入搅打好的细砂糖和鲜奶，用大火煮开。2.倒入布丁粉，用搅拌器搅拌均匀，即成布丁液，将布丁液用筛网过滤至干净的碗中。3.将鸡蛋放入碗中，用搅拌器打散搅匀，放入到布丁液中搅匀，再将布丁液倒入布丁杯中。4.将其放入到冰箱中，冷冻成形，装入盘中即可。

新手注意 在做皇室布丁的时候，搅拌布丁液时一定要注意速度，一定要搅拌均匀，这样才能更美味。

豆浆布丁

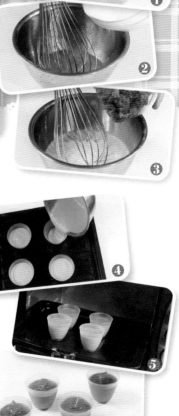

❶

❷

❸

❹

❺

❻

▸ **工具** ◂ 搅拌器，筛网，模具，勺子，烤箱

▸ **材料*2人份** ◂ 鸡蛋2个，豆浆200毫升，细砂糖20克，红薯泥180克，水少许，红薯丁、透明果膏各适量

▸ **做法** ◂ 1.将鸡蛋打开，放入碗中，用搅拌器搅打散，加入细砂糖并拌匀。2.将豆浆加入到鸡蛋液中，并拌匀成浆，用筛网过滤至干净的碗中。3.再加入红薯泥，慢慢地用搅拌器搅拌均匀，即成布丁浆。4.将搅拌好的布丁浆倒入到洗净的模具中，至八分满，并用勺子抹平。5.将模具放入烤盘，再将烤盘放入烤箱中，往烤盘内注入适量的清水，烤箱温度调成上下火180℃预热1分钟，隔水烤30分钟左右取出。6.布丁冷却后，表面用熟红薯丁来装饰，表面再挤上透明果膏即可。

 新手注意 在做红薯豆浆烤布丁时，布丁浆一定要过筛。

乳酪布丁

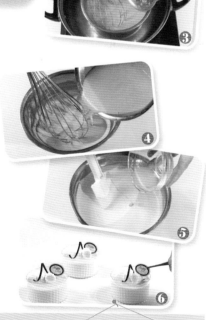

▶ **工具** ◀ 勺子，搅拌器，长柄刮板，布丁杯，纸牌

▶ **材料*2人份** ◀ 奶油乳酪100克，吉利丁粉9克，蛋黄45克，打发鲜奶油90克，豆浆100毫升，细砂糖45克，酸奶75毫升，柠檬汁8毫升，水、棉花糖、巧克力旋条各适量

▶ **做法** ◀ 1.向锅中注适量清水烧热，将装有奶油乳酪的容器放入锅中隔水软化，再向容器中分次加入酸奶用勺子拌匀。2.另取一个容器，将蛋黄、细砂糖拌匀再加入豆浆，用搅拌器拌匀后隔热水搅拌至浓稠。3.将吉利丁粉加适量的水拌匀后倒入步骤2中拌至溶化成吉利丁水。4.将吉利丁水加入步骤1中，拌匀，冷却至手温备用。加入打发鲜奶油用搅拌器拌匀。5.再加入柠檬汁用长柄刮板拌匀，即成布丁浆。6.将布丁浆倒入布丁杯内冻凝固备用。将布丁杯拿出，摆上棉花糖和巧克力旋条，并插上纸牌即可。

新手注意 吉利丁粉要加它分量5倍的冷开水调匀。

红糖布丁

》 **工具** 》搅拌器，勺子，模具，烤箱

》 **材料*1人份** 》鸡蛋2个，红糖20克，牛奶、吉士粉、蜂蜜各适量

》 **做法** 》1.取鸡蛋、牛奶、吉士粉，将其混合均匀，用搅拌器搅匀成蛋浆；红糖加蜂蜜，用勺子搅拌均匀，备用。2.将蛋浆装入洗净的模具内，做成布丁生坯。3.放入烤盘内，在烤盘内倒入适量的凉水，放入布丁生坯，烤箱调上下火180℃预热1分钟，再将烤盘放入烤箱中，烤30分钟左右至定形。4.取出烤盘，将烤熟红糖布丁摆入盘中，冷却后，再淋上适量的红糖蜜，即可食用。

新手注意 做红糖蜜要格外注意，在搅拌的过程中，最好是顺时针慢慢搅拌至溶化即可。

椰汁西米布丁

》 **工具** 》搅拌器，模具

》 **材料*3人份** 》鹰粟粉30克，西米适量，凝胶粉70克，淡奶油、花奶、椰汁各200克，鲜奶100毫升，冰粒500克，细砂糖35克，水20毫升

》 **做法** 》1.将椰汁、细砂糖、凝胶粉、花奶、鲜奶加水，用搅拌器搅拌均匀后，用热水溶解，使细砂糖和凝胶粉完全溶解。2.加入鹰粟粉用搅拌器搅拌均匀后，再加入煮好的西米和冰粒，搅拌至冰粒溶解。3.然后倒入模具内至八分满，放入冰箱冷藏2个小时，取出稍稍放软即可食用。

新手注意 西米煮后会产生胶质，所以可以适当少加凝胶粉；判断是否煮熟可以用汤勺舀起一点西米看看是否成透明状。

草莓双色布丁

▶ 工具 ◀ 奶锅，搅拌器，杯子

▶ 材料*2人份 ◀ 炼奶20毫升，牛奶150毫升，细砂糖30克，植物鲜奶油50毫升，吉利丁片2片，牛奶150毫升，草莓果酱30毫升

▶ 做法 ◀ 1.将吉利丁片放入碗中，加入清水浸泡4分钟至变软，捞出并挤干水分。2.将奶锅烧热，倒入牛奶、细砂糖15克、炼奶，用搅拌器搅至糖溶化。3.加入1片泡软的吉利丁片，煮化。4.再加入植物鲜奶油25毫升，搅匀后即成奶酪浆，将其倒入杯中，放入冰箱冷藏30分钟。5.另起奶锅煮热，倒入牛奶、细砂糖15克、泡软的吉利丁片1片、植物鲜奶油25毫升、草莓果酱，搅匀后倒入步骤3的杯中，再次放入冰箱冷藏30分钟，取出即可。

新手注意 做草莓双色布丁，在倒第二层时一定要第一层已经凝固成形，这样才能保证布丁的完整。

咖啡双色布丁

▶ 工具 ◀ 奶锅，搅拌器，杯子

▶ 材料*2人份 ◀ 牛奶150毫升，植物鲜奶油50毫升，咖啡粉10克，细砂糖30克，吉利丁片4片，牛奶150毫升

▶ 做法 ◀ 1.将吉利丁片放入碗中，加清水浸泡4分钟至变软，捞出并挤干水分。2.将牛奶、细砂糖15克倒入奶锅中，边用搅拌器搅拌，边用小火煮至细砂糖溶化。3.加入2片泡软的吉利丁片，煮化，放入咖啡粉，用搅拌器拌匀。4.再加入植物鲜奶油25毫升，煮化，即成咖啡布丁浆，将其倒入杯中，放入冰箱冷藏30分钟。5.另起奶锅，加入牛奶、细砂糖15克、泡软的吉利丁片2片、植物鲜奶油25毫升，煮匀后即成布丁浆，将其倒入步骤4的杯中，再放入冰箱冷藏30分钟后取出即可。

新手注意 在做咖啡布丁浆时，放咖啡粉要注意搅拌均匀，加入的咖啡粉有可能有颗粒状，所以一定要搅拌至颗粒全无。

豌豆布丁

▶ **工具** ◀ 筛网，搅拌器，布丁杯，烤箱

▶ **材料*2人份** ◀ 豌豆粒50克，水250毫升，鸡蛋2个，细砂糖40克，牛奶150毫升，巧克力片适量

▶ **做法** ◀ 1.锅置火上，加入适量的清水，用大火煮沸；再加入洗净的豌豆，煮至豌豆熟透，然后捞出，将部分煮熟的豌豆用筛网过筛，制成豌豆泥，备用。2.将牛奶加入到做好的豌豆泥中，搅拌均匀后加热至60℃，再离火凉至40℃，备用。3.将鸡蛋和细砂糖用搅拌器搅拌均匀，倒入牛奶豌豆泥，继续搅拌均匀，再用筛网筛出杂质即成布丁液。4.将制成的豌豆布丁液倒入到布丁杯内至八分满。5.烤盘中注入适量水，放入布丁杯，再将烤盘放入150℃的烤箱中，隔热水烤35分钟左右，出烤箱冷却。6.在布丁的表面装饰上煮熟豌豆粒和巧克力片即可。

新手注意 豌豆先用水泡2小时再煮熟这样豌豆布丁的口感更好。

咖啡布丁

▶ **工具** ◀ 搅拌器，杯子

▶ **材料*1人份** ◀ 咖啡粉10克，细砂糖85克，蛋黄25克，咖啡酒8毫升，淡奶油150克，牛奶150毫升，明胶粉12克，水125毫升，夏威夷果适量

▶ **做法** ◀ 1.将咖啡粉（5克）、细砂糖（20克）、蛋黄和淡奶油（5克）混合均匀后隔水加热，再用搅拌器打至浓稠。2.将3克明胶粉和水调匀，放入冰箱冻至凝固后，加入到步骤1中，再离火加入咖啡酒，拌匀。3.将步骤2倒入步骤1中，放入冰箱冻至凝固。4.将牛奶和细砂糖（35克）加热至糖完全溶化，再加入泡好的明胶（5克）拌溶化，然后入杯冻至凝固。5.将咖啡粉（5克）、细砂糖（30克）和水（50毫升）煮开，将泡好的明胶（4克）加入拌至溶化，倒入步骤4的杯子中，放入冰箱冻至凝固。6.取出布丁，在其表面放上夏威夷果装饰即可。

新手注意 第一步隔水加热时要快速擦底搅拌，避免糖粘锅。

芦荟苹果醋布丁

▶【工具】◀杯子，奶锅

▶【材料*3人份】◀果冻粉12克，细砂糖105克，水485毫升，芦荟丁适量，苹果醋80毫升，吉利丁粉3克，薄荷叶、巧克力配件各适量

▶【做法】◀1.将水（470毫升）和细砂糖（90克）倒入奶锅中，加热煮沸，加入芦荟丁(留少许备用)，煮开后搅拌均匀。2.将备好的果冻粉和适量的水调匀，加入到步骤1中，拌匀至溶化成浆，将拌好的材料倒入到杯子中，再放入冰箱冻至凝固，备用。3.吉利丁粉加适量水调成吉利丁水；苹果醋和细砂糖（15克）混合后搅拌均匀，再加热至细砂糖溶化，加入调好的吉利丁水拌匀。4.将步骤3倒入步骤2的杯中，再放入冰箱冻至凝固，备用。在布丁的表面放上芦荟丁、薄荷叶、巧克力配件即可。

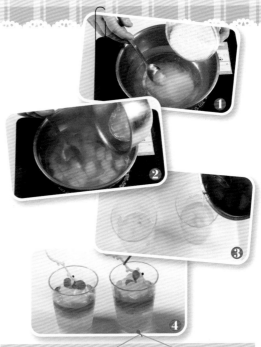

新手注意 吉利丁粉要用冷水调开。芦荟有苦味，加工前应去掉绿皮，水煮3~5分钟即可去掉苦味。

牛奶布丁

▶【**工具**】搅拌器，杯子，汤匙，电动搅拌器，奶锅

▶【**材料*2人份**】牛奶2杯，细砂糖15克，食用明胶1大勺，苹果汁、香草各适量，草莓100克，蜂蜜5克，蛋白70克

▶【**做法**】1.把少量的牛奶和细砂糖放进奶锅里，用搅拌器搅拌均匀，再用微火把牛奶加热片刻后，放入食用明胶并加热至其溶化。2.待食用明胶和牛奶融合均匀后，放在一边晾凉，变冷后装入透明的杯子或免洗杯，再放进冰箱里冷冻至其凝固。3.将清洗干净的草莓剁碎后加入备好的蜂蜜，并用汤匙搅拌成糊状，做成草莓果酱。4.将蛋白和细砂糖用电动搅拌器打发均匀，并拌成鲜奶油，在冷冻好的牛奶布丁上，涂抹上草莓果酱和鲜奶油，并淋上苹果汁和香草即可。

新手注意 在制作牛奶布丁时，放冰箱冷藏前，应先放凉之后再放入冰箱，这样可以保证布丁的口感不变。

抹茶焦糖双层布丁

工具 杯子，奶锅

材料*2人份 牛奶300毫升，植物鲜奶油50毫升，抹茶粉10克，细砂糖30克，吉利丁片4片，焦糖20毫升

做法 1.将吉利丁片泡软；牛奶（150毫升）、细砂糖（15克）入奶锅，煮至细砂糖溶化。2.捞出2片吉利丁片并挤干水分，放入奶锅，煮至溶化，再放入抹茶粉，搅拌均匀。3.加入植物鲜奶油（25毫升），煮至溶化后关火；将煮好的抹茶奶酪浆倒入杯子中，冷藏30分钟。4.将牛奶（150毫升）、细砂糖（15克）、泡软的吉利丁片（2片）、植物鲜奶油（25毫升）、焦糖倒入锅，煮沸拌匀后倒入步骤3的杯中至八分满，冷藏30分钟即可。

新手注意

在煮布丁时，一定要注意火候，切记忌太大，否则容易烧焦。

芒果味果冻

工具 模具，硅胶垫，搅拌器，奶锅

材料*3人份 清水500毫升，细砂糖100克，芒果味果冻粉20克

做法 1.将适量的清水倒入到洗净的奶锅中，用大火烧开，待用；将芒果味果冻粉倒入到装有细砂糖的碗中。2.把细砂糖、芒果味果冻粉一起倒入锅中，用搅拌器快速搅拌均匀，至其溶化后关火。3.将煮好的芒果味果冻水倒入到模具中，放置在一边，待凉后再放入冰箱，冷藏1小时。4.用硅胶垫盖在模具上，并翻转过来。5.再将硅胶垫放在盘中。6.慢慢地拖动硅胶垫，使果冻落在盘中即可食用。

新手注意

拖动硅胶垫时可以一边拖一边抖动，这样可更好地取出硅胶垫。

奶香果冻

▶【**工具**】模具，搅拌器，奶锅

▶【**材料*3人份**】清水500毫升，细砂糖100克，奶香果冻粉20克

▶【**做法**】1.将奶锅用清水洗净，倒入适量的清水，用大火烧开。2.取出备好的果冻粉，将果冻粉倒入到细砂糖中，搅拌均匀。3.再将两者一起倒入到煮开的奶锅当中，用搅拌器快速搅拌均匀后关火。4.将煮好的奶香果冻水倒入到洗净的模具中，于室温中放凉。5.将放凉的奶香果冻放入到冰箱中，冷藏1小时左右，至奶香果冻完全凝固。6.从冰箱中取出冻好的奶香果冻，把盘子倒扣在模具上，再将盘子反转过来，去除模具，即可食用。

新手注意
果冻粉与细砂糖要一起倒入锅中，以免搅拌不匀影响口感。

三色果冻

▶【**工具**】搅拌器，玻璃杯，奶锅

▶【**材料*4人份**】清水750毫升，细砂糖150克，果冻粉30克，咖啡粉10克，绿茶包、红茶包各2包

▶【**做法**】1.将奶锅注入清水（250毫升），用大火煮沸，放入绿茶包，略煮取出。2.果冻粉（10克）加细砂糖（50克）拌匀后加入步骤1中，再加热拌匀后倒入玻璃杯中。3.另起锅，注入清水（250毫升）烧开，倒入咖啡粉，拌匀，加入果冻粉（10克）、细砂糖（50克），加热拌匀，再沿玻璃杯的边缘倒入步骤2的玻璃杯中。4.再次另起锅，注入清水250毫升烧开，放入红茶包，略煮取出，加入果冻粉（10克）、细砂糖（50克），加热拌匀后，倒入步骤3的玻璃杯中，放凉，即成三色果冻。

新手注意
熬好的果冻液先放凉再倒入杯中，可使成品更美观。

草莓果冻

工具 搅拌器，花形碗，小盘子，奶锅

材料*3人份 牛奶500毫升，果冻粉20克，细砂糖100克，焦糖、新鲜草莓各适量

做法 1.将奶锅置于火上，用大火烧热。2.倒入备好的牛奶，煮沸。3.再加入细砂糖、果冻粉，用搅拌器搅拌均匀后，再次煮开。4.将煮好的果冻液倒入到洗净的花形碗中，再放入冰箱，冷藏30分钟左右。5.从冰箱取出花形碗，倒扣在备好的小盘中，取走花形碗，果冻就成型了。6.在果冻上淋上适量的焦糖，放上草莓装饰即可。

新手注意 加果冻粉时，以水温90℃为最佳，以免破坏果冻粉中的胶质。在煮的时候一定要时刻搅拌。

红茶果冻

工具 搅拌器，碗，奶锅

材料*3人份 清水500毫升，原味果冻粉20克，细砂糖100克，红茶包2袋

做法 1.将清水倒入洗净的奶锅中，用大火烧开。2.加入备好的红茶包，浸泡至红茶包散出茶香味，取出红茶包。3.将原味果冻粉倒入到装有细砂糖的碗中，搅拌均匀。4.再将原味果冻粉、细砂糖一起倒入到红茶水中，用搅拌器快速拌匀后关火。5.将煮好的红茶果冻水倒入碗中。6.待其放凉后放入冰箱，冷藏1小时左右，取出冷藏好的红茶果冻，把碗倒扣在备好的盘子上，轻轻地取下碗，即可食用。

新手注意 红茶浸泡时间不宜过长，以免口味偏苦，而且在煮的时候要注意火候，以免焦灼。

益力多苹果果冻

▶ 工具 ◀ 勺子，布丁杯，圆杯，奶锅

▶ 材料*2人份 ◀ 益力多200克，苹果汁50克，细砂糖65克，吉利丁粉12克，水360毫升，打发淡奶油100克，苹果丁250克，果冻粉15克，小红莓适量

▶ 做法 ◀ 1.吉利丁粉加60毫升水用勺子调匀成吉利丁水；益力多入奶锅，加热至80℃，加入到吉利丁水中拌溶。2.将苹果汁加入步骤1中拌匀后，冷却至手温，再加入淡奶油拌匀。3.将步骤2倒入布丁杯中至六分满，冷冻凝固。4.将果冻粉和细砂糖混合，加入300毫升水拌匀后煮开，然后放入苹果丁煮软。5.将步骤4倒入圆杯内，冷冻凝固。6.将步骤5脱模放入步骤3的布丁杯表面，再在上面放上小红莓装饰即可。

 新手注意 苹果去皮、去心、切丁，再泡在盐水中备用，这样可以避免苹果氧化，影响口感。

咖啡欧蕾果冻

▶ 工具 ◀ 保鲜膜，方形模具，奶锅

▶ 材料*2人份 ◀ 水250毫升，细砂糖30克，即溶咖啡粉5克，果冻粉15克，牛奶200毫升，炼奶20克，吉利丁粉10克，打发鲜奶油65克，巧克力配件、透明果膏各适量

▶ 做法 ◀ 1.将细砂糖、咖啡粉和果冻粉混合拌匀，加水后入奶锅，煮开，再倒入到封好保鲜膜的模具中，凉后放入冰箱，冻凝固。2.将牛奶、炼奶混匀加热至80℃，加吉利丁粉拌溶后放凉。3.步骤1拿出脱模，切丁后放入方形模具中。将步骤2的奶冻倒入模具内至一半高，冷冻凝固。4.将步骤2剩余的奶冻加咖啡粉加热溶解，加鲜奶油拌匀。5.步骤4倒入步骤3的模具内，冻凝固，放上巧克力配件后刷透明果膏即可。

 新手注意 咖啡奶冻的咖啡粉可根据个人口味适量添加。

覆盆子果冻

▶ **工具** ◀ 果冻杯，筛网，奶锅

▶ **材料*2人份** ◀ 冷冻覆盆子125克，细砂糖65克，水50毫升，吉利丁片1片，白兰地酒（或覆盆子酒）5毫升，淡奶油95克，覆盆子果泥50克，糖粉25克，巧克力片、干果、纸牌各适量

▶ **做法** ◀ 1.将细砂糖和水倒入到奶锅内，加热煮沸，加入冷冻覆盆子，搅拌均匀，再加热至沸腾后离火。2.吉利丁片放入水中泡软，取部分泡软的吉利丁加入到步骤1中，拌至溶化，再加入白兰地酒，搅拌均匀，然后均匀地倒入果冻杯内，待其稍凉后，放入冰箱，冻凝固备用。3.将淡奶油放入奶锅中，加热溶化，再加入覆盆子果泥，搅拌均匀，放入剩余泡软的吉利丁片，拌匀。4.将步骤3倒入步骤2的果冻杯内至八分满，冻凝固，再装饰巧克力片、干果，并用筛网筛上糖粉，插上纸牌即可。

新手注意 吉利丁片要用冰水完全浸泡至变软备用；果冻中的覆盆子也可用樱桃、草莓等代替。

布里奶酪

▶ **工具** ◀ 刀，白纸，烤箱

▶ **材料*2人份** ◀ 布利乳酪200克，圣女果20个，橄榄油10毫升，葡萄醋5毫升

▶ **做法** ◀ 1.将圣女果洗净，放入准备好的干净容器中。用刀子在圣女果上方，切出十字形，并切割至1/2的深度。2.将切好的圣女果依次整齐地放入洗净的盘中后，倒入适量的橄榄油和葡萄醋，混合均匀，备用。3.把烤箱温度调成上下火150℃，预热；然后将混合均匀的圣女果放入烤盘中，再放入预热好的烤箱内，烤约3~5分钟，至圣女果完全熟透。4.取出烤好的圣女果装入盘中；将准备好的布利乳酪放在白纸上，用刀切成适合食用大小的三角形块状，摆入装有烤好的圣女果的盘中即可。

新手注意 将切好的圣女果切开后烘烤，在入口的时候才可以品尝到橄榄油和葡萄醋入味的香气。

草莓奶酪

▌工具▌ 勺子，碗，水果刀，奶锅

▌材料*2人份▌ 牛奶250毫升，细砂糖100克，植物鲜奶油250毫升，朗姆酒适量，吉利丁片2片，草莓果酱适量，草莓1颗

▌做法▌ 1.将吉利丁片放入冷水中浸泡4分钟左右。2.将奶锅小火烧热，倒入牛奶、细砂糖，煮至细砂糖溶化。将泡好的吉利丁片捞出并挤干水分，放入锅中，煮至溶化。3.倒入鲜奶油，边煮边用勺子搅拌均匀，关火后倒入朗姆酒搅拌均匀成奶酪。4.将奶酪倒入碗中，至八分满，放入冰箱冷藏30分钟之后拿出。5.将草莓果酱倒在奶酪上。6.将洗净的草莓用水果刀切开成两半，放到上面装饰即可。

红茶奶酪

▌工具▌ 杯子，奶锅

▌材料*3人份▌ 植物鲜奶油200毫升，细砂糖55克，牛奶250毫升，朗姆酒适量，吉利丁片3片，红茶包2包，冷水200毫升，热水80毫升，果冻粉15克，

▌做法▌ 1.将吉利丁片放入冷水中浸泡4分钟左右至变软；将红茶包1包放入热水中泡至水变红。2.奶锅烧热，放入牛奶、细砂糖（40克）、泡好的红茶，搅匀。3.再放入吉利丁片，煮化后加植物鲜奶油、朗姆酒，搅拌均匀，倒入杯子中至六分满，冷藏30分钟左右。4.沸水锅里放入红茶包，煮至茶味流出后取出，倒入混合后的果冻粉和细砂糖（15克），拌匀放凉后倒入到奶酪杯中，成形即可。

巧克力奶酪

▶ 工具 ◀ 三角铁板，杯子，奶锅

▶ 材料*2人份 ◀ 牛奶250毫升，细砂糖100克，植物鲜奶油250毫升，朗姆酒适量，吉利丁片2片，巧克力果膏50克

▶ 做法 ◀ 1.将吉利丁片放入冷水中浸泡4分钟左右至吉利丁片变软。2.将奶锅小火烧热，倒入牛奶、细砂糖，煮至细砂糖溶化。3.将泡好的吉利丁片捞出，挤干水分，放入奶锅中，煮至溶化。4.加入鲜奶油，边煮边搅拌均匀，关火。5.倒入朗姆酒搅拌均匀成奶酪浆。6.将奶酪浆倒入到备好的杯子中至八分满，再放入冰箱，冷藏30分钟至成形之后拿出。7.将巧克力果膏倒入杯中，用三角铁板抹匀即可。

新手注意

在做巧克力奶酪时，可适量加些朗姆酒，这样口感会更香醇。

原味奶酪

▶ 工具 ◀ 裱花袋，花嘴，杯子，奶锅

▶ 材料*2人份 ◀ 牛奶250毫升，细砂糖100克，植物鲜奶油250毫升，朗姆酒适量，吉利丁片2片，芒果果肉馅、打发的鲜奶油各适量

▶ 做法 ◀ 1.吉利丁片放入冷水中浸泡4分钟左右至变软。2.奶锅烧热，倒入牛奶、细砂糖，煮至糖溶化。3.泡好的吉利丁片捞出，挤干水分，放入锅中，煮化。4.加入植物鲜奶油，搅匀，关火后倒入杯中至八分满，再加入适量朗姆酒拌匀，冷藏30分钟。5.将花嘴装入裱花袋中，将打发的鲜奶油装入裱花袋中，剪去裱花袋尖端。6.杯子中放入备好的芒果果肉馅，挤上打发鲜奶油装饰即可食用。

新手注意

在做原味奶酪时，如果没有吉利丁片，也可以用凝胶粉代替。

西米冻

▶ **工具** 果冻杯，碗，奶锅

▶ **材料*3人份** 西米40克，水120毫升，椰奶30毫升，果冻粉5克，细砂糖35克，牛奶45毫升，黑巧克力50克，淡奶油50克

▶ **做法** 1.奶锅烧热，放入适量的水、备好的西米，调小火煮至西米变得透明，将煮好的西米过滤出来，备用。2.将适量的水加入到煮好的西米中，继续煮开，然后分次加入适量的椰奶和牛奶，搅拌均匀。3.将备好的果冻粉放入洗净的碗中，加入适量的水，调开后加入步骤2中，搅拌溶化。4.将细砂糖加入步骤3中拌至细砂糖完全溶化后，倒入到备好的果冻杯内至杯子的1/3高，冷冻至凝固。5.将淡奶油放入奶锅中加热，至淡奶油溶化后加入切碎的黑巧克力碎，拌至溶化，倒入到果冻杯内至八分满，待其稍凉后，放入冰箱，冷藏至凝固。6.将果冻杯拿出装饰即可食用。

新手注意 淡奶油要加热至60℃，否则融合效果不佳。

樱桃奶酪冻

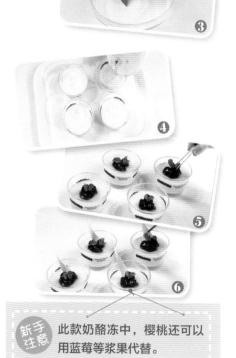

▶ **工具** ◀ 勺子，布丁杯，奶锅

▶ **材料*2人份** ◀ 细砂糖40克，吉利丁粉10克，水50毫升，牛奶250毫升，淡奶油250克，香草精少许，红樱桃馅、薄荷叶、巧克力配件各适量

▶ **做法** ◀ 1.先将奶锅烧热，放入备好的牛奶、细砂糖，调小火加热至细砂糖完全溶化。2.将吉利丁粉加适量的水用勺子调匀后，加入到奶锅中，搅拌均匀，然后于室温中冷却至35℃左右。3.再加入准备好的淡奶油、香草精，搅拌片刻，至材料混合均匀，最后放入部分红樱桃馅，稍微拌匀成奶酪冻。4.将拌好的奶酪冻倒入到布丁杯中，至八分满，放置片刻待其稍凉，再放入冰箱，冷藏至凝固，备用。5.打开冰箱，拿出布丁杯，在布丁的表面放上剩下的红樱桃馅，并摆放上薄荷叶。6.再插上巧克力配件即可。

新手注意 此款奶酪冻中，樱桃还可以用蓝莓等浆果代替。

薄荷奶冻

▶ **工具** ◀ 果冻杯，搅拌器，奶锅

▶ **材料*2人份** ◀ 牛奶150毫升，细砂糖25克，蛋黄30克，低筋面粉5克，薄荷叶5克，吉利丁粉5克，水25毫升，白巧克力50克，淡奶油50克，薄荷酒、果膏、巧克力配件、纸牌各适量

▶ **做法** ◀ 1.将奶锅烧热，放入备好的牛奶，煮沸，再加入薄荷叶，焖10分钟左右，将薄荷叶滤出即成薄荷叶汁水。2.将蛋黄、细砂糖和低筋面粉混合用搅拌器拌匀，加入滤好的薄荷汁水，搅拌匀，再隔热水用搅拌器搅拌至浓稠。3.吉利丁粉加入适量的水调匀，倒入到步骤2中，搅拌至其溶化。4.再加入薄荷酒，轻轻拌匀，即成薄荷奶冻；将调好的薄荷奶冻倒入到洗净的果冻杯内，放入冰箱，冻凝固，备用。5.将白巧克力和淡奶油隔热水溶化，倒入果冻杯内冻凝固，备用。6.将果冻杯拿出，挤上果膏，装饰巧克力配件，并插上纸牌即可。

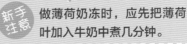

新手注意 做薄荷奶冻时，应先把薄荷叶加入牛奶中煮几分钟。

巧克力奶冻

▶【**工具**】勺子，果冻杯，奶锅

▶【**材料*2人份**】牛奶150毫升，红茶叶16克，细砂糖20克，果冻粉4克，苦甜巧克力末65克，淡奶油100克，水、巧克力碎末各适量

▶【**做法**】1.将奶锅烧热，放入备好的牛奶，煮沸，再加入10克红茶叶，盖上盖子，焖10分钟左右，过滤出红茶叶渣，留下奶茶。2.将10克细砂糖加入并拌至细砂糖完全溶化；将2克果冻粉加适量的水用勺子调匀，加入到奶锅中，煮至溶化后离火。3.将备好的巧克力末加入奶锅中，拌匀至溶化。4.将煮好的浆倒入果冻杯内，待其稍凉，放入冰箱，冷藏至凝固，备用。5.2克果冻粉加适量的水调匀成果冻液；将淡奶油放入奶锅中，加热至80℃后放入6克红茶叶，焖10分钟左右，过滤出红茶叶渣，再加入10克细砂糖，拌至细砂糖溶化，再加入果冻液，煮化。6.将步骤5倒入到步骤4的果冻杯内，放入冰箱，冻凝固后取出果冻杯，装饰上巧克力碎末即可。

新手注意 加热巧克力时，搅拌要朝一个方向。

泡芙

一款源自于意大利的西式甜点，蓬松张孔的面皮中包上奶油、巧克力，乃至冰淇淋，就变成一个个精致可口的泡芙，送入嘴中，可尽享其美妙的滋味，帮你在甜蜜中寻求浪漫，在欢乐中分享幸福。

巧克力脆皮泡芙

工具 刮板，保鲜膜，电动搅拌器，裱花袋，高温布，奶锅，烤箱

材料*3人份 黄油175克，低筋面粉210克，糖粉90克，可可粉15克，牛奶110毫升，水35毫升，鸡蛋2个

做法 1.将低筋面粉（135克）、可可粉、糖粉混合均匀，用刮板开窝，倒入黄油（120克），揉成团，包上保鲜膜后冷藏60分钟。2.奶锅中放入水、牛奶、剩余的黄油、低筋面粉（75克）、鸡蛋，边煮边用电动搅拌器搅成泡芙浆。3.将浆装入裱花袋内，挤成均等大小到垫有高温布的烤盘上。取出面团，切成0.5厘米厚的薄片成泡芙皮。4.将泡芙皮依次放到泡芙浆上，放入烤箱，烤20分钟即可。

新手注意 泡芙的成功关键就在于面糊，加蛋液的那一步最重要，千万不要一次性把蛋液都放进去。

巧克力奶油泡芙

▌**工具**▐ 搅拌器，筛网，裱花袋，锡纸，齿轮刀，奶锅，烤箱

▌**材料*2人份**▐ 低筋面粉75克，水120毫升，黄油60克，细砂糖1克，盐0.5克，鸡蛋2个，黑巧克力液、打发鲜奶油、草莓各适量

▌**做法**▐ 1.将低筋面粉用筛网过筛；奶锅加热，放入黄油、水、盐和细砂糖，煮沸，再倒入低筋面粉，搅成面糊。2.将鸡蛋用搅拌器打成蛋液；面糊冷却后分次加入蛋液。3.将面糊装入裱花袋，挤在铺有锡纸的烤盘上。4.放入上、下火200℃的烤箱，烤15分钟至泡芙膨胀后，将温度调至180℃，续烤20分钟。5.放凉后沾上黑巧克力液，用齿轮刀将上面切开，挤入打发的奶油，盖上切下的那块，淋黑巧克力液，放上草莓。

新手注意 黄油和水必须在沸腾状态下搅拌均匀，加入面粉时不要用强火，才能使面粉受热均匀。

奶油小泡芙

▌**工具**▐ 搅拌器，齿轮刀，裱花袋，奶锅，烤箱

▌**材料*2人份**▐ 奶油30克，色拉油45毫升，面粉120克，鸡蛋2个，奶油布丁馅适量，盐2克，水130毫升

▌**做法**▐ 1.奶锅烧热，放入水、奶油、色拉油，煮沸，再加入面粉、盐，用搅拌器拌匀，即成面糊。2.鸡蛋用搅拌器打成蛋液；待面糊降温至60℃，将蛋液加入，拌匀。3.将面糊装入裱花袋中，在烤盘上挤成直径约3厘米的圆点，预留膨胀空间，挤完后在表面喷上少许水。4.再放入已预热到180℃的烤箱中，烤至泡芙胀起定型后，续烤至表面不冒水泡即可。5.将烤好的泡芙取出，于室温中放凉，再用齿轮刀从中间横切开，但不切断，填入适量奶油布丁馅即可。

新手注意 加热奶油和水的时候一定要不停地搅拌，尽量让水和奶油溶解，要不然在烤的时候就会油、水分离。

新手注意

加鸡蛋时候一定要在每次面糊彻底吸入蛋液后再加。

 # 奶油泡芙

【工具】 搅拌器，筛网，花嘴，裱花袋，锡纸，齿轮刀，奶锅，烤箱

【材料*2人份】 低筋面粉75克，水120毫升，黄油60克，细砂糖1克，盐0.5克，鸡蛋2个，打发鲜奶油适量

【做法】 1.将低筋面粉用筛网过筛；奶锅烧热，放入黄油、水、盐和细砂糖，煮沸，再倒入过筛后的低筋面粉，拌匀成面糊，关火。2.将鸡蛋用搅拌器打散成蛋液，分多次加入到面糊中。3.将面糊装入装有花嘴的裱花袋中，挤在铺有锡纸的烤盘上。4.烤箱调至上火200℃，下火200℃预热，放入烤盘，烤15分钟后将温度调至180℃，续烤20分钟左右取出。5.待泡芙冷却后用齿轮刀切开，用裱花嘴装入打发鲜奶油，挤到泡芙中。

新手注意

在烤泡芙的时候不能开烤箱盖，否则易坍塌，有损美观。

卡士达泡芙

【工具】 搅拌器，筛网，花嘴，裱花袋，锡纸，奶锅，烤箱

【材料*2人份】 低筋面粉75克，水120毫升，黄油60克，细砂糖1克，盐0.5克，鸡蛋2个，卡仕达酱适量

【做法】 1.低筋面粉用筛网过筛；奶锅烧热，放入黄油、水、盐和细砂糖，煮沸，再倒入过筛后的低筋面粉，拌匀成面糊，关火。2.鸡蛋用搅拌器打散成蛋液，分多次加入到面糊中。3.将面糊装入装有花嘴的裱花袋中，挤在铺有锡纸的烤盘上。4.烤箱调至上下火200℃预热，放入烤盘，烤15分钟后将温度调至180℃，续烤20分钟左右。5.泡芙冷却后，在底部挖洞，用裱花嘴填入卡士达酱。

巧克力泡芙塔

▶【工具】◀ 搅拌器，筛网，裱花袋，花嘴，锡纸，奶锅，烤箱

▶【材料*1人份】◀ 低筋面粉75克，水120毫升，黄油60克，细砂糖1克，盐0.5克，鸡蛋2个，白巧克力液适量

▶【做法】◀ 1.将低筋面粉用筛网过筛；奶锅烧热，放入黄油、水、盐和细砂糖，煮沸，再倒入过筛后的低筋面粉，拌匀成面糊，关火。2.鸡蛋用搅拌器打散成蛋液，分多次加入到面糊中。3.将面糊装入装有花嘴的裱花袋中，挤在铺有锡纸的烤盘上。4.烤箱调至上火200℃，下火200℃预热，放入烤盘，烤15分钟后将温度调至180℃，续烤20分钟左右。5.将白巧克力液装入裱花袋中，挤在放凉的泡芙上成型，叠成塔状即可。

新手注意

在制作泡芙塔时，需注意在巧克力液完全干了之后再摆起来。

巧克力馅泡芙

▶【工具】◀ 搅拌器，筛网，花嘴，锡纸，齿轮刀，奶锅，烤箱

▶【材料*2人份】◀ 低筋面粉75克，水120毫升，黄油60克，细砂糖1克，盐0.5克，鸡蛋2个，黑巧克力液适量

▶【做法】◀ 1.将低筋面粉用筛网过筛；奶锅烧热，放入黄油、水、盐和细砂糖，煮沸，再倒入过筛后的低筋面粉，拌匀成面糊，关火。2.将鸡蛋用搅拌器打散成蛋液，分多次加入到面糊中。3.将面糊装入装有裱花嘴的裱花袋中，挤在铺有锡纸的烤盘上。4.烤箱调至上下火200℃预热，放入烤盘，烤15分钟后，将温度调至180℃，续烤20分钟左右。5.将黑巧克力液装入裱花袋，泡芙用齿轮刀切开，将黑巧克力液挤到泡芙缝隙中即可。

新手注意

在用齿轮刀切开泡芙时，必须等到泡芙已经完全冷却再进行。

日式泡芙

工具 搅拌器，花嘴，裱花袋，齿轮刀，烤箱，奶锅

材料*4人份 酥油150克，黄油250克，高筋面粉150克，低筋面粉250克，奶粉100克，鸡蛋15个，打发鲜奶油适量，水700毫升

做法 1.将水、酥油、黄油入奶锅，煮至酥油溶化，加入高筋面粉、低筋面粉与奶粉，用搅拌器搅匀。2.感觉温度不烫手时，分次加入鸡蛋，并用搅拌器快速搅拌均匀。3.将搅好的面糊装入放有花嘴的裱花袋中。4.直竖着挤成长约6厘米，宽2厘米的长条状，挤满烤盘。5.入烤箱，以上火210℃，下火170℃烤制25分钟，取出。6.晾凉，用齿轮刀从中间切成两层，围绕一周淋打发鲜奶油。

新手注意 挤泡芙浆到烤盘上时，要注意力度，最好是能保证每个泡芙的长短宽度基本一致。

脆皮菠萝泡芙

工具 搅拌器，筛网，裱花袋，圆形花嘴，塑料袋，奶锅，烤箱，小酥棍

材料*2人份 低筋面粉98克，黄油75克，水90克，盐少许，细砂糖80克，鸡蛋2个，美国樱桃适量

做法 1.将低筋面粉60克用筛网过筛；黄油45克、水、盐、细砂糖60克入奶锅，煮沸，再加入过筛后的低筋面粉，拌成面糊；鸡蛋用搅拌器打散，分3次加入面糊中，拌匀后装入装有圆形花嘴的裱花袋中，挤出喜欢的大小。2.黄油30克入锅软化，加细砂糖20克、面粉38克拌成团，冷藏后取部分揉圆，放在塑料袋上。3.擀扁后将面片盖在泡芙糊上，放入上下火210℃的烤箱烤10分钟，再转至180℃，烤30分钟后放上樱桃。

新手注意 制作泡芙面糊时，水和黄油一定要煮沸，将面粉迅速倒入，利用高温将面糊全部烫熟。

卡通泡芙

▶【工具】◀搅拌器，裱花袋，锡纸，水果刀，齿轮刀，烤箱，奶锅

▶【材料*2人份】◀低筋面粉75克，水120毫升，黄油60克，细砂糖1克，盐0.5克，鸡蛋2个，黑巧克力液适量，打发鲜奶油、樱桃、巧克力豆各适量

▶【做法】◀1.将黄油、水、盐和细砂糖入奶锅，煮沸；倒入低筋面粉，搅拌均匀成面糊；鸡蛋用搅拌器打成蛋液，分多次加到面糊中。2.将面糊装入裱花袋中，挤在铺有锡纸的烤盘上。3.将烤盘放入上下火200℃的烤箱内，烤15分钟后将温度调至180℃，续烤20分钟。4.樱桃用水果刀切块；黑巧克力液挤成细长条，放凉；泡芙用齿轮刀切成两半，鲜奶油挤在其中一半泡芙上，再盖上另一半，放上樱桃、巧克力豆、黑巧克力即可。

新手注意 在做卡通泡芙时，最后一步是很重要的，要注意将巧克力豆与巧克力条摆放好，间隔距离要一致。

泡芙

▶【工具】◀裱花袋，搅拌器，锡纸，剪刀，奶锅，烤箱

▶【材料*2人份】◀奶油60克，高筋面粉60克，鸡蛋2个，牛奶60毫升，清水60毫升

▶【做法】◀1.奶锅烧热，倒入水、牛奶、奶油，搅拌匀，煮1分钟，至奶油溶化。2.关火后，倒入高筋面粉，搅拌均匀，分次打入鸡蛋，用搅拌器快速搅拌片刻，至材料呈浓稠状，即成泡芙浆。3.取一裱花袋，装入泡芙浆，用剪刀剪开袋底，待用。4.在烤盘上平铺上一张锡纸，均匀地挤入泡芙浆，呈宝塔状，制成泡芙生坯。5.烤箱预热，放入烤盘，关好。以上火175℃，下火180℃的温度，烤20分钟。6.断电后取出烤盘，待稍微冷却后即可食用。

新手注意 裱花袋底的口子不宜剪得太大，以免制作生坯时形状不美观。

脆皮泡芙

▶【**工具**】刮板，保鲜膜，裱花袋，剪刀，锡纸，奶锅，烤箱

▶【**材料*3人份**】细砂糖120克，牛奶香粉5克，奶油200克，低筋面粉100克，鸡蛋2个，牛奶100毫升，清水65毫升，高筋面粉65克，樱桃适量

▶【**做法**】1.将低筋面粉、牛奶香粉混合匀，用刮板开窝，倒入奶油100克、细砂糖，拌匀，制成面团。2.将面团揉成圆条，包上保鲜膜，冷藏30分钟左右。3.奶锅烧热，倒入水、牛奶、奶油100克，搅匀，关火后加高筋面粉，拌匀。4.分次打入鸡蛋，搅成糊，制成泡芙浆。取裱花袋，装入泡芙浆，装好后用剪刀剪开袋底；烤盘铺锡纸，挤入泡芙浆，呈宝塔状，成泡芙生坯。5.面团切成薄片，放在泡芙生坯上。6.烤箱预热，放入烤盘，以上火190℃，下火200℃的温度，烤约20分钟，点缀上樱桃即可。

新手注意　制作泡芙浆时，应趁热倒入高筋面粉。

冰淇淋泡芙

▶**工具**◀ 裱花袋，玻璃碗，三角铁板，电动搅拌器，筛网，高温布，剪刀，小刀，烤箱

▶**材料*1人份**◀ 低筋面粉75克，黄油55克，鸡蛋2个，牛奶110毫升，清水75毫升，糖粉、冰淇淋各适量

▶**做法**◀ 1.将低筋面粉用筛网过筛；将锅置于火上，倒入清水，再放入牛奶、黄油，用三角铁板拌匀，煮沸。关火后放入低筋面粉，拌匀，制成面团。2.将面团倒入玻璃碗中，用电动搅拌器搅拌一下，再逐个加入鸡蛋，搅拌匀，制成面糊，把面糊装入裱花袋中；取铺有高温布的烤盘，将裱花袋尖端用剪刀剪去，均匀地挤出九份面糊。3.把烤盘放入烤箱中。将烤箱温度调成上火170℃，下火180℃，烤10分钟至熟。4.取出烤盘，将烤好的泡芙装入盘中。5.把泡芙用小刀切一刀，但不切断，填入适量冰淇淋。6.将糖粉用筛网过筛至冰淇淋泡芙上即可食用。

新手注意 在制作面糊时，鸡蛋要分次打入，这样更易搅拌均匀。

新手注意

在制作日式泡芙时，鸡蛋一定要分多次加入面糊中。

日式奶油泡芙

▶ 工具 ◀ 电动搅拌器，裱花袋，三角铁板，锡纸，小刀，奶锅，烤箱

▶ 材料*2人份 ◀ 奶油60克，高筋面粉60克，鸡蛋2个，牛奶60毫升，清水60毫升，植物鲜奶油300克，糖粉适量

▶ 做法 ◀ 1.将奶锅加热，放入清水、牛奶、奶油，用三角铁板搅拌均匀。2.关火，倒入高筋面粉，打入鸡蛋，用电动搅拌器拌成泡芙浆。3.将泡芙浆装入裱花袋，挤到铺有锡纸的烤盘上，成宝塔状。4.将烤盘放入上火190℃，下火200℃的烤箱，烤20分钟。5.将植物鲜奶油用电动搅拌器打发，装入裱花袋。6.泡芙用小刀横切一道口，将打发鲜奶油挤到泡芙中，糖粉撒在泡芙上即可。

炸泡芙

▶ 工具 ◀ 长柄刮板，三角铁板，筛网，奶锅

▶ 材料*2人份 ◀ 牛奶110毫升，水35毫升，黄油55克，低筋面粉75克，盐3克，鸡蛋2个，糖粉、食用油各适量

▶ 做法 ◀ 1.牛奶入奶锅，煮热，加入黄奶油、水，慢慢煮沸。2.加盐，调成小火，用长柄刮板搅拌至黄油溶化，关火后加入低筋面粉，搅拌均匀。3.分两次加入鸡蛋，并且在加入一个之后要搅拌匀，即成泡芙浆，将泡芙浆放置在一边待用。4.将锅中的油烧热，用三角铁板刮半个肉丸大小的泡芙浆倒入油锅中，中火炸至金黄色。5.将炸好的泡芙装入盘中，用筛网将糖粉过筛至炸泡芙表面上即可。

新手注意

在炸泡芙时，一定要控制油温，最好是控制在六七成熟。